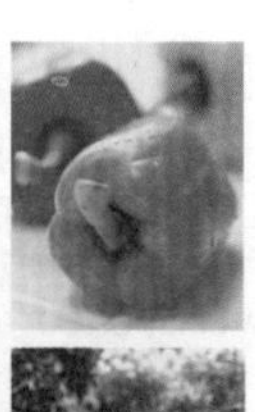

SIMPLER LIVING

更简约的生活

风尚篇

[美] 杰夫·戴维森◎著

陈芳芳 黄琳 傅颖◎译

新世界出版社
NEW WORLD PRESS

图书在版编目（CIP）数据

更简约的生活 · 风尚篇 /（美）戴维森著；陈芳芳，黄琳，傅颖译 . — 北京：新世界出版社，2013.12

ISBN 978-7-5104-4732-7

Ⅰ . ①更… Ⅱ . ①戴… ②陈… ③黄… ④傅… Ⅲ . ①住宅－室内布置 Ⅳ . ① TU241

中国版本图书馆 CIP 数据核字 (2013) 第 292468 号

北京版权保护中心外国图书合同登记号：01-2013-0843

Arranged through CA-LINK International LLC.

更简约的生活 · 风尚篇

策　　划：北京阳光博客文化艺术有限公司
作　　者：[美] 杰夫 · 戴维森　　**译　　者**：陈芳芳　黄　琳　傅　颖
责任编辑：刘　媛　　**责任印制**：李一鸣　刘社涛
出版发行：新世界出版社　　**社　　址**：北京西城区百万庄大街 24 号（100037）
发 行 部：(010) 6899 5968　　(010) 6899 8733（传真）
总 编 室：(010) 6899 5424　　(010) 6832 6679（传真）
http：//www.nwp.cn　　http：//www.newworld-press.com
版 权 部：+8610 6899 6306　　**版权部电子信箱**：frank@nwp.com.cn
经　　销：新华书店　　**印　　刷**：北京荣泰印刷有限公司
开　　本：880mm × 1230mm　1/32　　**字　　数**：100 千字
印　　张：5　　**版　　次**：2014 年 2 月第 1 版
印　　次：2014 年 2 月第 1 次印刷　　**书　　号**：ISBN 978-7-5104-4732-7
定　　价：32.00 元

鸣谢

感谢我生命中所有的人——不管是过去，现在还是将来——他们指引着我走向简单。感谢所有强调生活中简单的重要性的作者、记者以及发言人。感谢我已过世的父母伊曼纽尔·戴维森和雪莉·戴维森，感谢他们教会我独自做出判断。

感谢瓦莱丽·戴维森

——她所做的一切都充满神奇色彩。

Foreword

伯纳德·格伦写过一本非常有趣的书，名字叫做《历史的时刻表：任务和事件之间的横向关系》。作者在该书中记录了从公元前 5000 年一直到今天人类在各个领域的发展，包括历史、政治、文学、艺术、音乐、宗教、哲学、教育、科学、技术、日常生活等。作者在一开始的时候，每次讲述 1000 年的历史，然后逐渐缩短到 500 年，然后是 100 年，50 年……从公元 500 年开始，作者每次只讲述一年的事件。

推荐序

格伦用这种逐步递减的方法来记录事件是有道理的。毕竟，我们这个星球现在有了更多的居民为之创造新的突破。

全球人口正在向70亿迈进——经济、生态、技术、通讯以及交通将人们紧紧联系在了一起。这是一个革新的时代。

当然，随着新的发现和发明的诞生，生活也变得越来越复杂。在人类历史的长河中，简单的生活从来都没有像现在这么重要过——不仅对于我们的健康，对于我们的生存也是如此。

在创作《更简约的生活》一书时，杰夫·戴维森成功地弥补了“简化生活”这门科学和艺术的空白。在为写书做准备的过程中，杰夫翻阅了 20 世纪 70 年代中期一直到 90 年代之间的好多本关于简化生活的著作。他看到这些书都存在许多不足，比如说：

- 1991 年之前的书没有涉及传真机、网络以及不断扩展的办公设备系统；
- 1995 年之前写的书基本不涉及网络、手机、电邮等新技术突破带给人们的影响；
- 采用一天一贴士的方式缺少综合视野；
- 有些书只关注某些个人问题，或者只关注工作问题，很少二者兼顾；
- 有些书最后的解决方案就是建议读者从某个领域中退出；
- 有些书提供的解决方案顾此失彼。

相比较来说，杰夫的目标就是开创一条先前作者从来没有尝试过的道路。他决定按照房间次序，逐个探讨普通美国人的生活方式——也可以说针对后工业时代的所有人——告诉人们如何简化生活。

杰夫所涉及的范围非常广，让人难以置信，探讨的角度也不同寻常。

正如杰夫本人所说，你不必从头到尾仔细去读这本书，他自己非常反对这种做法。你要做的就是翻阅你最感兴趣的部分，然后收集对你有用的建议。这些章节中，总会有那么一些，对你来说非常有益。

我个人认为《更简约的生活》这本书的可读性非常强，可以启迪读者。书中的建议极具实用性，而且很明智，叙述的方式合乎逻辑，简单易懂。这本书也值得收藏起来，当生活变得复杂不堪的时候，你可以拿出来读一读，然后走向更轻松、更有意义的生活。

我们所处的这个时代，生活已经变得非常复杂。很幸运的是，你的手里有这样一本书。希望你在阅读本书的时候，也能和我一样享受，爱不释手。

——**马克·维克多·汉森，《心灵鸡汤》合著者之一**

Introduction

环顾一下你的家，你的办公室，你看到了什么呢？一张张的纸，一堆堆的东西，显得那么凌乱，你觉得根本收拾不好了。当你用一种更为全面的眼光看一下你现在的生活状态时，一个很明显的事实就摆在了你的面前——复杂多样已成为人类存在的一个特征。

你一定想既成为一个称职的爱人、一个合格的家长，同时又做好自己的全职工作吧？在现代，不管是个人家庭事务，还是有关职业的事宜，

自序

要做好这一切都需要遵循它们自身固有的规律条件和规章制度。

作为一个专业的发言人和作家，我注意了一下周围的人，发现他们的生活变得越来越忙乱不堪，我真希望他们可以摆脱杂乱无章，每一天都清爽有序。过去的十年里，我们的世界发生了巨大的变化，今后，变化也会继续，因此，很多人想从激烈的竞争轨道上驶出来，稍微歇息一下，对于这种现象我一点儿也不惊讶。越来越多的人会花点儿时间重新审视自己的生活，他们想要找到一种方法，让自己过得更加简单，更加高效，不愿再牺牲那些对我们真正重要的东西。

你或者是你认识的某个人，可能正感觉到被生活的某一方面打败了，你觉得压力重重，快要崩溃了。这就是我要写这本书的原因——帮助你在这个日趋忙乱和吃力的世界上找到一种平衡，并保持这种平衡。你也许会问，这种平衡真的存在吗？我相信它确实存在。

本书的每一章中都介绍了很多实用的解决方法，让你消除生活中不必要的麻烦，过一种更为宁静，更为愉悦，更为高效的生活。书中有些建议是各个学科的专家自己提出的，这些学科都涉及如何简化家居，简化工作，简化生活；还有一些建议是我自己经验的总结，我希望它们能帮助到你，让你在这个高速发展的世界中生活得更为舒适。

书中大多数小贴士做起来都不需要花什么钱，也不需要你一再地去尝试，我相信生活中做点儿变化比你想象的要容易得多。然而，有些时候，衡量一下金钱和时间，花钱让别人帮忙可能比你自己去做要高效得多。该花钱请人帮忙的地方就要花钱，因为对你来说这一定是最好的、最为简单的选择。

当你读这本书的时候，一定要清楚，想要生活变得更为简单，并不是要严格做到我说的每一件事，只要选择那些对你来说合适的、让你最为受益的就行了，每一章你能吸收 8 ~ 10 条小贴士的话，就很棒了。

你希望自己寻求简单的过程更为简单一些吗？那么，一开始的时候，选择 2 ~ 3 条你很容易做到的贴士就行了。如果你感觉自己做得很好，就一定会继续做下去的。

书中的每一章都有一个特殊的部分，我称它为“简单生活的最简单法则”。这一部分为你总结了有哪些变化最容易做到，同时能给你带来最大的收获。就算你只是尝试这一部分强调的几点，生活也会变得简单很多。

最后一点建议：把本书当作一个参考就行了。你不需要从头读到尾，就是对于阅读速度超群的人来说，从头读到尾也很困难。你只要在自己需要的时候翻到相应章节就可以了。如果你发现自己会反复看某些内容，那不妨做个标记：你可以把那一部分折起来，或者加个书签，或者按照你的习惯做个记号。你希望生活变得简单，那么使用本书也按照你觉得最为简单的方式吧。

Contents

目录

unhappily a Catholic—
mine, and once of Mr.
643
CAP. XXXII
osamond. Ya había
e faltaba sombrear
ejillas bajo los ojos
ios y retocar los
n esta ocupación
puerta entornada
el marco.
pasando la
no se en-

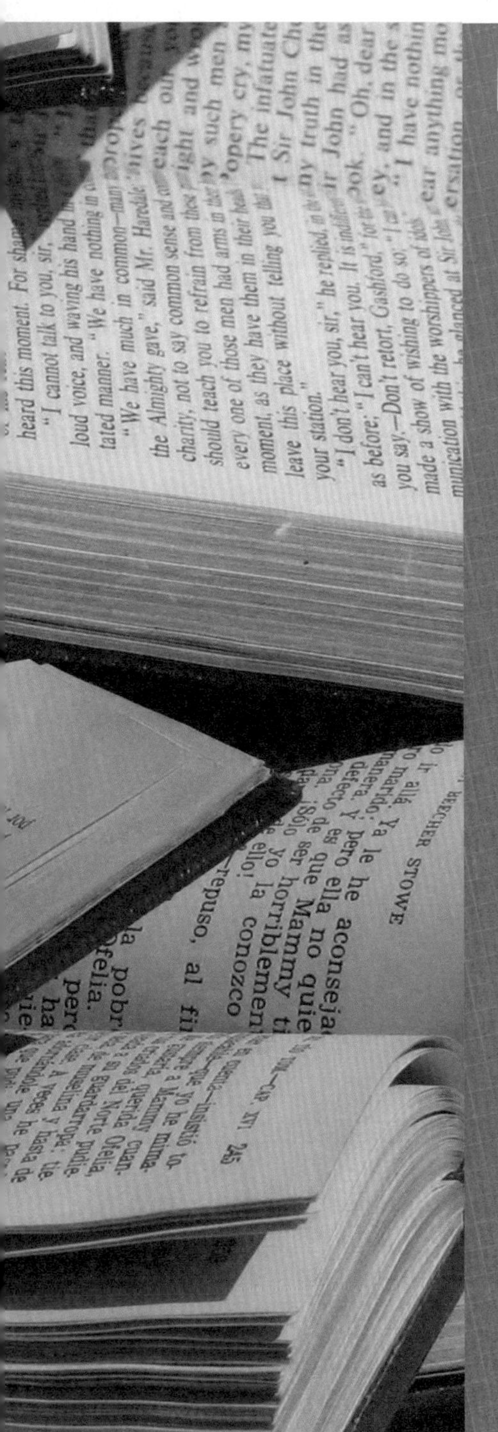

第一章
轻松阅读的法则

信息时代的“生存秘诀”

每个工作日，普通职员一般要花2－4小时读报告、记录以及其他类似资料。不过在看资料时，他们可能会不安，生怕别人说他们“不干正事”。同样，如今家庭主妇日常所要看的书，也是有史以来最多的，然而他们也认为阅读是“浪费时间”，因此深感内疚。

阅读也许是唯一一种日常生活中不可或缺，却又常被大部分人看做是消遣方式的活动。其实，不管是工作还是休闲，阅读都可以让你充分利用时间，有满足感。倘若你经常有一堆书或杂志要看，本章的一些建议对你可能会有用。

信息爆炸，远超所需

我们生活在信息时代。因为网络、电视、广播以及纸质媒体的发展，如今我们能方便地获取更多消息和知识，但这也导致许多人患上了严重的"信息超载症"，也就是说，过量的信息让他们难以招架，无所适从。治疗"信息超载症"的唯一方法就是，筛选有用的信息。

鉴别重要信息

翻翻任何一份出版物，你肯定能找出至少一篇自己感兴趣的文章或段落。马上读？留着以后看？还是根本就不看？怎么做决定，下面有几种方法。

选对出版物

积极寻找那些有大量所需信息的出版物，这样你就不会把时间花在那些没用的或不感兴趣的文章上了。

细读开头

仔细阅读文章每段开头的一两句，看该段包含的信息对你是否有用。这种方法能使你快速决定是否要花时间读这篇文章或这本书。假如你有一堆的期刊要读，这种方法可以帮你快速有效地筛选出所需信息。

浏览内容

浏览书的目录、索引以及导语，你就能大致了解这本书，知道它是否能满足自己的需求或兴趣。若不想阅读整本书，你可以只读相关的文章或章节。

书名里包含的“秘密”

有人统计：在短短五年的时间里，美国出版商发行了650本书名中带有“秘密”一词的书，比如《精神疗法的秘密》《母爱的秘密》以及《精神疾病的秘密》。为什么“秘密”会成为流行的书名？

这是因为，对于各种媒体发布的信息，读者变得越来越谨慎，而那些对特定话题表示怀疑的书，也就成了他们的首选。这或许是个好现象，说明读者在寻找一个全面看问题的角度，而不仅仅从单一或是传统的视角来看问题。

跳过，不可惜

如果你习惯于认真阅读手边的每一页文字，那么跳过一些内容可能会使你十分不安：要是漏掉重要信息该怎么办？

其实大部分情况下，这种情况都不会发生。以下原因可让你放心运用“跳读”这一方法。

当心“信息怪兽”

信息是一只怪兽：你接受得越多，就越会想方设法吸收更多。很多人关注的信息太多，结果感到不知所措，无所适从。

面对一篇文章或一个章节时，问问自己：“要是跳过不读，会怎样？”

你可能会为自己的真实反应感到惊讶，继而会欣喜自己不会再盲目阅读。

评估相关性

另一种评估文章或章节是否有用的方法是：看该文提供的知识能否让你在事业上有所发展，能否更好地为客户服务，或增加某方面的利益。在这一标准下，你会发现不少文章都没什么价值，可以跳过不读。

选择趋势而非流行

总的来说，大部分跳过不看的信息对你都没什么影响。为什么？因为我们生活在信息爆炸的时代，一小时（很快就会缩短成一分钟）就能产生人一生所需的信息量，而你阅读的任何信息很快都会过时。因此，你最好寻找那些能反映你的职业、行业或爱好发展方向的信息。

高效阅读的技巧

一旦确定什么信息重要，什么信息可有可无，那你就可以阅读了。当然，你一生都在阅读，但如果你能稍稍调整最基本的阅读技巧，阅读起来就能更快、更有效。

阅读的基本技巧

无论是为了工作还是休闲，你都务必要在适宜的环境中，利用合适的工具进行阅读。以下是阅读的一些基本技巧。

找到最佳阅读位置

若是为了休闲，你可以选在任何地方阅读；若是为了工作，你需要的不是躺椅或沙发，而是书桌，手边最好还放着笔和记事本等工具，方便随时记录信息。

让眼睛休息一下

远古时期，我们的祖先靠捕猎、采集为生，他们用眼睛在森林里寻找猎物，在大草原上找寻浆果。大自然应该也没料到，有一天人们会长时间盯着书上的一行行铅字，或是电脑屏幕上的一幅幅图片。

善待眼睛，即使你的视力很好，也最好

在阅读一段时间后让眼睛休息一下。

用放大镜

放大镜这种简单的工具能减轻眼睛的负担，这种方法对年轻人也适用。

增大字号

如果你经常在电脑上看资料或写报告，那就不要总是用默认的五号字，你可以把字号调大些，并且适当调大行间距，让文字更容易识别。

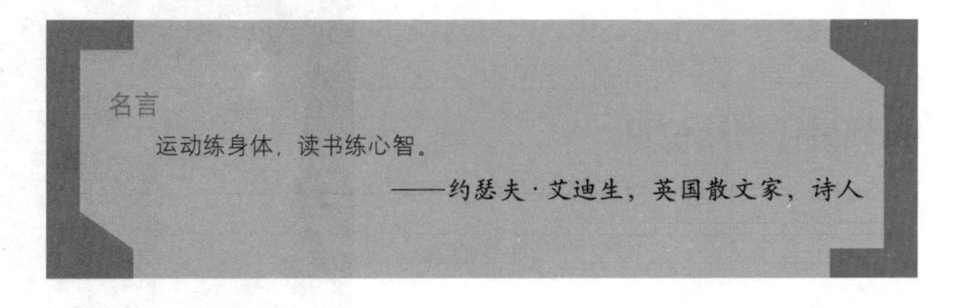

名言

运动练身体，读书练心智。

——约瑟夫·艾迪生，英国散文家，诗人

精读也要高效

为了工作进行的阅读，其目的在于搜集有用信息。以下建议能让你完美而又高效地做到这一点。

用或丢，如何取舍

如果你在杂志或书上看到感兴趣的文章，不妨用便利贴做上记号，将这一页复印、存档，以便有时间细读。这看起来很麻烦，但能保证

资料夹里的文章都是有用信息。

撕下来

有一个更简单的搜集资料的方法：如果杂志是你一个人的，那就迅速浏览一遍，把那些感兴趣的部分撕下来，其他的回收利用。

留下以待他用

当你看到有用的信息，觉得迟早会派上用场时，那就搜集起来，放在文件夹里或贴有“有时间看看”标签的储物箱里。定期查看这些剪报，尤其是剪报已经堆积了不少时。至于是每周还是每月看一次，得看剪报增长的速度了。

用各种方法获取信息

很多人喜欢保持书页整洁，不喜欢在上面写字，但是非小说类的读物一般都是参考用书，是信息的来源，甚至有专家说，当你看完一本书时，“别人应该都不想看它”。他建议我们看书时，要利用荧光笔标记、折书页、

贴便签、做笔记等各种方法，充分获取书中的知识和信息。如果你能从书中吸取知识，运用到实践中，那比保持书页整洁要有用得多。

打破传统阅读方式

谁说阅读一定要从前往后、从左到右？不要管上学时老师是怎么教你的，要想快速了解一本书或是一篇报道，你就要找到最佳的阅读方式。

选择切入点

阅读某本书时，如果你发现自己读不下去，那就翻到目录，找个感兴趣的章节，不管它在书的哪个部分——从那里开始读。你甚至可以从最后开始倒着读这本书，不用完全遵照排版的顺序。许多书，包括你现在正在看的这一本，都不要求你从头读到尾，你可以按照自己的方法来读。记住：你要掌控书，而不能让书来掌控你。

了解新闻报道的结构

新闻报道都是依照“椎体结构”来写的，即开头部分涵盖主要信息：时间、地点、

阅读的捷径

要在短时间内抓住一本参考书的重点，就按以下步骤来做：

- ●看书的封面，包括内封。
- ●阅读前言。
- ●读引言，而非序言。
- ●浏览目录。
- ●细读每章开头的两段。

人物、事件、原因、结果，之后再按照主次轻重添加细节。这种结构因为十分像圆锥体而得名。

了解这种结构有什么用？你只需要阅读报道开头的 1/10 ~ 1/5，就能了解整个事件，节省大把时间。

留到最后再读

上学时，“临时抱佛脚”不是个好习惯。在短短三小时不到的时间里，一股脑把一学期要学的知识消化吸收，是不可能取得好成绩的，但在工作中，这种方法还是有用的。假如领导临时召你开会，而你只有 20 分钟来熟悉要讨论的企划案，别急，找出相关文件，认真浏览一遍。开会时你肯定还记得刚刚看过的信息，这样你就能像专家一样跟与会人员讨论这个企划案了。

要想在短时间内记住相关信息，你

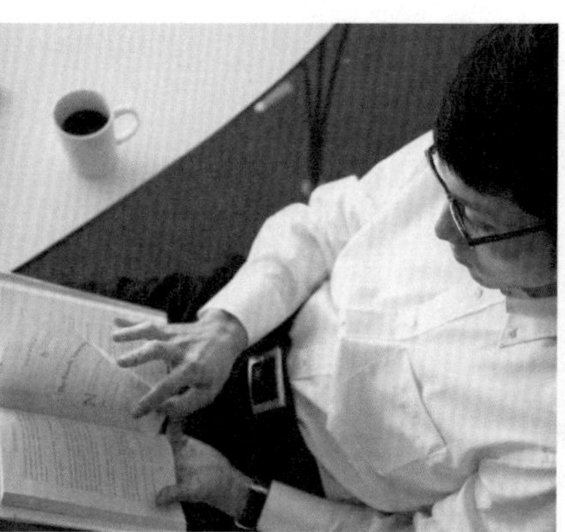

必须专心致志地阅读资料。不要让电话、邮件或其他事情打扰你，你得抓紧宝贵的时间。

问题是：什么时候读？

还有一个关键问题：有时你就是找不到时间来读书。不管在办公室还是家里，都有很多事情要忙，阅读只是计划单上的最后一项。

必须优先考虑阅读，你才能找到时间来做。为什么不优先考虑呢？要知道，对于工作来说，时刻掌握相关领域的最新发展趋势和回电话、参加会议一样重要。

挤出时间，节省时间

很多方法可以让你巧妙又方便地在日常生活中抽出时间阅读。

同时阅读几篇文章

倘若要读的资料很多，那么你可以穿插着阅读：复杂的资料和简单的资料穿插，必读和选读穿插，这样能提高阅读效率。你也可以先处理难的部分，把有趣的部分留到最后，作为一种奖励。不要先读有趣的部分，这样你会没有耐心读那些很长或很难的部分。

找个安静的时间和地点

办公室里，人们不能集中注意力阅读材料多半是由于受到干扰，因此你要找一个安静的时间和地点进行阅读。你可以早点去办公室，那时同事都没有上班，没有干扰，或者中午找一个僻静的地方，在 20 ~ 30 分钟内心无旁骛地把办公桌上堆积如山的资料给解决掉。

充分利用晚上的时间

每个星期抽一个晚上，用来专心阅读。晚饭后就开始阅读，直到上床睡觉。在此期间，不看电视、不接电话、不帮爱人做杂事，这个晚上就用来读书。

名言

越不会利用时间的人，越会抱怨时间短暂。

——让·德拉布，法国伦理学家

设定一段时间

如果你手边有本杂志放了几个星期都没有读，就找个时间把它看完，例如，给自己 20 分钟的时间，通读并抓住所有有用信息。一定要在 20 分钟内看完！期间所做的笔记、复印的资料、读完之后所做的记录都必须是与该杂志有关的摘要。20 分钟并不长，但是如果你将这 20 分钟里的每一秒都花在那本杂志上，之后你就会惊喜地发现：短短 20 分钟内，你竟然可以搜集那么多信息。

预先设定页数

除了设定时间，你还可以预先计划一次读几页，比如：一本书，计划每晚看 10 页，或每天早上看 5 页，又或是星期六看 15 页。

如果你必须在规定时间内读完一本书，这种技巧就显得十分有用。把书的总页数除以天数，得出每天要读的量。假设你要在 25 天里读完一本 250 页的书，你就必须每天读 10 页。

在旅途中阅读

大部分商务人士都觉得有必要随身携带阅读材料。如果你也是这样，以下建议能帮你充分利用旅途时间。

在后座看书

如果车程在十分钟以上，为什么不利用这段时间读点东西？只要不晕

车，也不用跟司机聊天，就可以看看杂志，读几篇之前一直找不到时间来读的短文。

边等边读

如果去的地方经常要排队等候，可以带几篇收藏的小短文，这样就可以在银行排队时、医院等叫号时、堵车时，读读这些重要的文章。这远比站在那里无所事事，或者坐在那里看随手拿到的东西要好。

轻装上阵

出差时，认真挑选要带的资料。因为在旅途中阅读与工作相关的资料，难免会增加自己的工作量，回办公室后计划单上待办事项又会增加不少。如果不是为了娱乐，就将杂志或图书留在办公室吧。

名言

若每天花 20 分钟读书，一年就能读 15 本 200 页厚的书。

—— 马丁·艾德斯顿，肯·格里克曼，时间管理专家

颠覆传统的办法

用了以上方法后，如果你还是得跟一堆资料作战，那就得做更大的改变。以下建议会颠覆一些老旧传统，逼你认真考虑到底什么最重要。思考的过程可能比较痛苦，但绝对是值得的。

减少阅读量

以下步骤能帮你快速有效地减少等待阅读的资料。

取消订阅

有些出版物在网上或附近图书馆就能找到，或者里面的文章时效性不高，那就不需要订阅。每隔几周或几个月，你可以挑选几期来读，保留那些真正有用的文章。

读书评

不要老是花钱买书，然后再找时间通读它们，你可以看看那些用词准确、发人深省的书评，这样无论你是在公司茶水间，还是在酒会上，都可以就这本书和别人侃侃而谈了。

和图书馆馆员交朋友

如果社区里有图书馆，问问馆员，看他是否知道一些节省读书时间

边听边学

你可以在上下班坐车的时候听电子书，有关自我提高、领导力培养、职业发展、销售技巧等内容都不难找到。

的资源。不少馆员都是图书馆学或相关学科毕业，都很专业。他们知道什么图书已经过时，还能给你一些意想不到的建议。

向他人寻求帮助

如果你领导着一个团队，你可以指派一个人为你预先处理文件，过滤资料，决定什么要看，什么可以不看。他负责标出或者复印要看的部分，或拎出材料的重点。

你也可以请爱人、孩子或者其他亲戚帮你。不过，你得事先让他了解你的工作或者你关注的问题。

要保证你们的合作成功，需要注意一些细节。

讲清要求

要让“资料处理员”了解你要什么样的信息。你要给他一些关键词，还要告诉他怎么记录资料：可能是划出文章的重点或者把重要章节复印，也可能是分析对比某两个对象，并给出各自优缺点的报告。不管怎样，你要确保处理资料的人清楚你的想法。

相信他人

相信“资料处理员”能按你的要求将文章重点划出。当然，你不必只读他为你筛选的部分。不过你会发现，你能以惊人的速度读完那些过滤后的资料。

向身边的人咨询

即便没有正式的“资料处理员”，你也可以找一两个已经细读过资料的人，请他们简要介绍一下相关信息。如果他们讲得很详细，你就没必要再读这份资料了。

名言

智慧就是能很快识别事物的本质。

——乔治·桑塔亚娜，美国哲学家，诗人

提高效率的窍门

只要稍微花点心思，你就能找到不少方法，省时省力地摘取资料中的有用信息。要善于利用一切资源，获取所需信息。

听听作者怎么说

试想：要是作者能向你解说他的作品，那么文章里的信息是多么容易消化吸收啊！因为作者关注的是文章的重点，细枝末节则会跳过。这种方法能节约很多时间，省去不少麻烦。

当然，你用不着为了了解书背后的故事而专程去拜访作者。只要打开电视，按照以下建议来做，你就有可能获得你想知道的。

听演讲

电视或网络上时常会播放一些作家的演讲，甚至你偶尔也能在书店看到作家对着一群顾客演讲。这些演讲坦诚、生动，是最优秀的书评。

充分利用现代化工具

在信息时代，许多人不知道如何处理大量的信息，精明的商家也看到了这一点，因此他们发明各种产品，开发各种服务，帮助用户及时获得新闻和知识。我们要充分利用这些工具。

名言

时代发生巨变时，只有学习者才能获得未来。墨守成规者会发现自己曾经学习适应的世界已不再存在。

——埃里克 · 霍夫，美国哲学家

简单生活的最简单法则

高效阅读归结为以下几个要点：

★浏览文章开头的两句话，判断是否值得一读。

★拿到一本书后，先浏览目录，选最重要的章节来读。

★不要因为某些资料没看而感到不安。大部分情况下，某些资料不看也没什么坏处。就算有份重要的资料没看，你也能通过其他方式弥补。

★先看那些非看不可的文章，之后再看一些轻松的文章作为奖励。

★找一个安静的地方，保证阅读时不受干扰。

★充分利用排队等候的时间，看一些之前没时间看的短文。

★请其他人帮你预先处理资料，把重点信息划出来或者复印下来。

★利用一切可利用的资源，如图书馆管理员、书摘、搜索引擎等，帮你快速高效地找到重要信息。

“

第二章
与客户联络

生意成功始于服务

你想让自己的工作和生活更简单，不要忘记客户也有同样的想法。怎样才能更方便地与你联系，跟你谈生意、做生意？答案很重要，因为这影响你的生意。

本章将探讨增强公司营销活动、提高客户服务水平的简单方法。还有在保证公司盈利和竞争力的同时，扩大客户群的办法。

即使你不是老板，也不帮人打理生意（或管理一个部门），本章对你同样有帮助，至少你可以将其中一些理念传递给上司，而作为顾客，你也可以了解其中的一些内幕，为自己服务。

”

打广告，有回报

一家公司，不管出售什么样的产品，提供什么样的服务，都依赖顾客生存。大型公司常常耗费巨资打广告，吸引消费者购买他们的产品。

当然，你不需要搞什么噱头，或花高昂的代价来吸引潜在消费者。只要确保他们清楚地接受到你的信息就行。

如何做广告

广告要吸引顾客，必须简单明了。记住：人们没时间看广告上繁杂的信息。为什么要耗费时间和精力，登一些顾客不想知道的东西呢？

利用以下策略，你可以引发顾客的兴趣，在竞争中领先一步。

做摘要

如果你要以摘要的形式做广告，要在一个版面上发布所有与公司产品或服务相关的信息，那么只需描述最基本的信息：本产品或服务的亮点、特点以及益处。这样产品或服务的介绍就会重点突出，字句简练，没有废话。

这种方法还能有效简化宣传材料。

讲故事

另一种介绍产品或服务的简单而有效的方法是讲故事。心理学家、销售和管理培训顾问唐纳德 · 穆瓦纳博士曾研究过年收入 50 ~ 100 万美元的销售人员所采用的销售策略，发现大部分人在推销中都用过讲故事这一手段。你也可以用寓言或趣闻轶事来说明问题，虽然只有三五句，但更加有效。

讲故事营销

可能你会觉得用讲故事来营销，是一种操纵客户的不公平手段，但是推销员用这种方式，不过是在营造一种氛围，让客户放心，并通过故事，让客户带着好奇心愉快地了解产品或服务的特性，这比光听一堆抽象的名词要好得多。从根本上说，故事简单易懂，客户能轻轻松松了解该产品或服务的优点。

让顾客“做梦”

穆瓦纳博士发现：专业销售员给顾客说的故事有近乎催眠的效果。每个故事都十分生动，给顾客留下了深刻印象，他们对这个产品日思夜想，很难忘记。

你对产品的描述，能在潜在客户脑中留下怎样的印象？

选择合适的宣传渠道

现在，通过纸质或广播传媒来宣传业务已不再是唯一途径，网络以及其他技术的发展，为我们开创了与客户往来的新方式。下面就告诉你如何利用这些方式。

创建联络组

大家都讨厌垃圾邮件，因为里面的信息他们不感兴趣，至于那些符

完美的售后服务

你与客户间的关系不能止于一单生意。要想他们成为回头客，售后服务十分重要，因为它能让客户感到你对他们的重视。

第 1 天：寄送手写的感谢信。

第 5 天：打电话确认顾客已收到产品或接受服务，询问他们有什么问题或建议。

第 15 天：再次打电话，了解客户对产品或服务是否满意。

第 30 天：赠送与所购商品有关的、贴心的小礼物。

合自己爱好的邮件，大家自然会喜欢。你可以考虑创建联络组，把有相同爱好或需要的客户放在同一组。轻轻点击鼠标，就能将符合他们兴趣的信息发给组里的每一个人。

如果你注意保存客户的信息，那就能很方便地给他们分组，比如，你可以把购买同种商品或服务的客户放在同一组，或者把最近六个月来做咨询的客户放在一组。

发送信件

也许你更青睐寄信这种老办法来做宣传，将商品目录或者单页宣传单寄送给顾客。要注意实时更新客户名单、产品和服务项目，最重要的是，要给他们有价值的信息或建议。

简化产品

许多简化生活的小玩意儿人们反而搞不定。不少调查都发现，对于所买产品大半的特殊功能，人们根本不会去用，比如汽车和家电上的一些

按钮，他们根本就没碰过。在向潜在客户推销产品或服务时，要记住这一点：尽量让你的商品更人性化，便于操作。如果你的客户发现，只要几个简单的步骤就能满足自己的需求，他一定会非常高兴。

老客户回报多多

一旦与客户做成了一单生意，你就会希望他能成为回头客。那些成功的公司会给老客户打折和特权，以留住他们。这件事不会太复杂，也不需要太高成本，越简单、越新颖越好。你只要让客户知道你重视他、喜欢和他做生意，这能给你带来意想不到的好处。

找出忠实的回头客

不少公司营销的重点都是新客户，而忽略了那些已经购买过他们产品或服务的老客户。不过有研究表明：争取新客户的费用是留住老客户的 4 ~ 5 倍。

跟老客户培养关系太复杂？放心，我会教你怎么做，并且告诉你为什么要这么做。

争取 5% 的回头客

《哈佛商业评论》中的一篇文章提到：如果一家公司能有 5% 的回头客，那么它的盈利能力将大大提升。换句话说：要想提高营业额，你只要从 20 个客户里争取一个频繁光顾的就行。这个客户对公司利润的贡献极大，因为他带来的附加营业额不需要任何成本。

关注少数重要客户

要提高营销效率，就锁定少数几个交易量最多的客户。这条经验来

不当头名的好处

你的公司可以不是最先提供某种商品或服务的公司，但要力争成为行业最佳、最可靠的公司。回顾历史，你会发现许多公司获得成功并不是因为首先采用了某项技术。下面就有一些例子。

- 发明电灯泡的不是托马斯·爱迪生，他只是依照已知的科学规律，对业已存在的事物做了改进。1815 年，汉弗莱·大卫发明了安全矿灯，这是灯泡的原型。1860 年约瑟夫·威尔逊·斯温发明了简单的灯泡。1878 年他在英格兰纽卡斯尔展示了一只碳丝灯，这比爱迪生的“发明”早了 10 个月。
- 莱特兄弟不是试飞第一人，甚至不是最先乘坐动力飞行器试飞的人。他们仔细研读了所有与塞缪尔·兰利、奥托·利连索尔和奥克塔夫·夏尼特等前人有关的或他们写的资料，在前人的基础上做了改进，才制造出第一架商用飞机，获得了成功。
- 第一个主持《还看今宵》的不是约翰尼·卡森，但他主持这档节目的时间最长，最令人难忘。
- 理查德·尼克松不是第一个在总统办公室安装窃听器的人。其实约翰·肯尼迪在当政期间就曾安装过，并且在其他很多地方也装过。
- 微软不是首家将 DOS 或窗口模式操作系统用于电脑的公司。比尔·盖茨曾购买、借用、模仿过苹果、IBM、Xerox 等公司开发的系统。

自于一位经销商，以前他每个月都要邮寄产品目录给上千位客户，但是慢慢地他发现：其中 140 位客户的消费额占总营业额的 90%。这位经销商认识到，只要不再寄目录给那些从不购买目录商品的顾客，就能提高营销效率。

把老客户奉为上宾

在竞争日益激烈的今天，客户需要的是什么？四个字：快速反应。如果你要应付的客户太多，就难免忽略老客户的需求，最后，他们可能就转向别家。你要具备马上辨识出大客户的能力，主动送他们免费的礼物、优惠券，给他们寄送感谢信等，让他们了解你重视和他们做的生意。

和客户保持联系

据研究：大型公司与大约一半的客户做完头单生意之后，就不会再联系他们，销售员也不会再打电话向他们推销。也许公司或者销售员认为

这些客户会主动回头来买新品，不需要再推销，事情当然不是这样，结果公司就流失了这些客户。其实只要简简单单的一封感谢信或者一个电话，你就能给顾客留下好的印象，你的产品就会成为他们的首选。

筛选有用数据

因为联系人管理软件以及数据库营销的普及，与客户保持联系变得相对简单。但是不少交易却由于用了这些技术，而使营销和客户服务变得复杂。在扩大客户数据库时，一些公司错估了他们与客户保持联系的能力。记住：数据库是用来帮你了解哪位客户需要服务的工具，而不是一堆没有意义的名字的集合。

老客户值得挽留

要与每一个老客户建立长久的关系，这不仅是因为他们愿意回头光顾你的生意，也是因为他们对你的生意还有其他帮助。

- 老客户会把你的产品或服务推荐给其他潜在客户，口口相传是最好的广告。
- 老客户能帮你增加利润。他们向你提出重要的意见、给出有价值的建议，其他客户往往给不了这种帮助。
- 老客户更愿意听从你的建议，选择其他的产品或服务。他们一直跟你做生意的主要原因就是信任你，相信你提供的信息，相信你是行业里的专家。
- 老客户也是宝贵的市场调查资源。如果他们的需求和兴趣有了改变，其他客户应该也会有类似的改变。
- 老客户更注重信誉，因此你碰到空头支票和延迟付款的几率就很小，尤其是店里不能刷卡消费的时候。
- 老客户下单快，计较少，这样你就可以花更少的时间和精力，做更多的生意。
- 和老客户做生意更简单，成本更低。

热情招待所有客户

你应该听过“二八定律”吧：八成的客户只贡献两成的营业额，而八成的营业额却来自于两成的客户。将资源集中在这两成客户上，因为他们会长期支持你，但也不要忽视另外的八成——那些不经常光顾你生意的“边缘客户”。无论他们在什么时候联系你，都要以十分专业的态度处理他们的电话或者邮件，尽力帮助他们。他们可能会将你的公司介绍给其他潜在客户，这些客户又有可能会成为你的常客。

让赠品广为人知

很多人将收到礼物等同于受到重视。不必花大价钱，送点小礼物就能建立或巩固与客户之间的关系。

在客户爱人身上下功夫

有什么简单的方法可以给客户留下深刻的印象？答案是送礼物给客

> **生活究竟有多复杂？**
>
> 简练的信息比冗长的信息更有效。林肯的《葛底斯堡演说》只有短短几分钟，却牢牢地刻在了美国历史上。

户的爱人。夫妻俩因此会谈论你，记住你。另外，你还可以送礼物给客户的孩子。要使这一招行之有效，你必须事先了解客户是否结婚或有孩子，这就是建立客户资料库的用处了。

让客户自己选赠品

给客户寄一张礼品单，让他们勾出自己想要的礼物。这个方法有几点好处：确保客户能得到自己想要的，勾起客户的好奇心，还能凸显你的公司。

送双份礼品

给客户两份礼品，免去做选择的麻烦。把原本买一份礼品的钱用来买两份礼品，其中一份要比另一份高一个档次，让顾客感觉真的占了便宜。这么做的公司很少，因此你肯定能让客户记住你。

提供休闲的机会

送客户礼品券，包括餐券、电影票甚至是景区周末的门票。给客户提供休闲的机会绝对会给你的生意加分。

赠品也要独具特色

设计独具特色的赠品。有一位老板曾在国会工作过，他店里的赠品是从国会用品商店购买的带有笔记本的文件夹，均价也就五美元，但是很漂亮，最吸引人的还是上面的参议院公章。不仅在美国，就是全世界的其他地方，你都买不到这种文件夹。

把客户的名字刻在赠品上

将客户的名字刻在如钢笔、留言卡等不贵的小玩意上。很多人看见自己的名字刻在物件上，而且又不用付钱，就会很高兴。

只送一套当中的一件

你所送的礼品最好能诱使客户继续购买你的产品，比如，送他们一套或者一系列商品中的一件，余下的让他们自行购买。百科全书出版商经常这么干，以极优惠的价格出售第一卷，剩下的则以全价卖出。

迎合客户需求

不断为客户寻找简化生活的方法。久而久之，你的商品就会越来越符合客户的需求，并能带来丰厚利润。

戴夫·约霍是弗吉尼亚州菲尔菲克斯的一位励志演说家，也是一位管理咨询师，从他的经历人们可以看出迎合客户需求的重要性：早年他开了一家屋顶装潢公司，有22家分店。那时浅色板瓦比较流行，约霍就开始考虑这种潮流会怎么影响他的存货。毕竟有那么多种颜色，如果每种颜色都滞存几十张，那么一家店的成本就很高了，何况是22家。

后来约霍想出一个法子：公司出售的板瓦几乎都用一种颜色——黎明灰。这种板瓦上有绿色、黄色、红色和棕色小点，跟很多颜色都能协调配搭，并且让屋顶不显脏。

“黎明灰”板瓦的销售越来越火，公司员工向潜在客户只推荐这种颜色。约霍教员工如何推销：“一看您的房子，我就觉得这款板瓦很合适。”大部分人根本不知道他们喜欢什么颜色的板瓦。

最后，约霍的生意大获成功。这种只卖一种颜色的方法为客户省了不少钱，因为公司进货量大，折扣就大。约霍经常说，如果他不止卖一种颜色的板瓦，生意就不会有这么快的增长。约霍想法子简化了自己、员工和客户的生活，最后获得了成功。相信你也可以。

提供票据

如果赠品是耐用品，就把它和保修卡一起放在原装盒里，最好把发票和销售单据也一并放入其中。如果客户回头要用赠品兑换现金或者其他物品，有了这些票据就方便多了。

非节假日也可以送礼物

任何时候，不管是不是节假日，你都可以给客户送礼品，也可以选择像公司周年纪念这样特别的日子回馈客户。

不断总结

送礼品也要花成本。你要定期总结经验："送的礼品是否简单有效？能否使我、我的部门或我的公司成为目标客户的首选？"

写便条，表真情

除赠品外，手写的便条也是简单而有效的营销工具。遵照以下建议，让它发挥最大作用。

简洁

你最好买专门的纸来写便条。一般文具店都能看到便宜的、大小合适的便条纸，恰好够你写下三两句话。

分享节日的快乐

对于优质客户，你会希望自己的节日贺卡能给他留下深刻印象。其

他公司也会给客户发节日卡片，你的卡片必须有新意，才能在众多卡片中脱颖而出，比如寄早点，做大些，色彩更丰富，更精致等。你也可以在节日时送感恩卡。大部分人在圣诞节都送圣诞卡，很少有人送感恩卡，那么送感恩卡就会显得与众不同。

将任务分配给他人

如果你没时间亲自写便条或卡片，可以把任务分配给下属。客户不会在意是谁写的，他们在意的是你花时间把卡片或便条寄给他们，因为你可能是最近一个月、一年，甚至是一辈子里唯一一个写卡片或便条寄给他们的老板。

名言

忘记错误，忘记失败。只要记得你现在要做什么，然后去做，今天就是你的幸运日。

——阿尔弗雷德·斯隆，美国实业家，通用公司创始人

良好信誉，预示成功

送礼品和寄便条会让你的生意加分，但这不能取代良好的客户服务。提供客户满意的服务才能让他们回头。

通过努力，你已在市场上站稳了脚跟，也建立起了牢靠的客户基础，这时你要做的就是履行营销时所做的承诺。

把售后服务做到位

人们喜欢在诺的斯特姆商店购物——尽管里面的商品价格偏高，其中一个原因就是其优质的客户服务。如果产品或服务质量好、耐用、出问题少，即使有问题也容易解决或替换，那大多数人还是愿意多花点钱的。毕竟一分价钱一分货嘛！

将以下措施纳入你公司的标准服务流程，让客户看到你们在尽心为他们服务。

服务始终如一

每一位员工都要为客户提供热心优质的服务，不管这位客户原来是不是他接待的。客户都希望自己与你们的生意做得值，所以他们十分关心买完东西后，还能不能得到同等优质的服务。

> 名言
>
> 送礼物是一种智慧，因为你要知道对方需要什么，在什么时候送以及怎么送才好。
>
> ——帕梅拉·格林克纳，英国作家

说话算话

咨询行业有一条原则："承诺你能做到的，做比你承诺更多的。"销售人员和助理都必须注意对客户说过的话，即使没有写下来，也要为其负责。想给客户留下好印象，必须按照承诺的时间装船和交货，及时回复对方的问询，让客户知道你是个说话算话的人。

预测客户的需求

所卖的产品或提供的服务，使用周期是多长时间？客户在购买商品后，还要满足哪些需求？还有什么配套的产品或服务，能让客户更好地体验已购商品？多长时间要换新产品？还有哪些保养建议可以提供给他们？你可以跟踪这些信息，预测客户的需求。

如何收账

做生意最重要的是能收回资金，所以你要创造条件，方便客户付款，避免到处催债，公司的运转才会变得简单顺畅。

要方便客户购物，又要保证不出现坏账，请留心以下建议：

接受信用卡付账

你多久用一次信用卡？现在买所有东西几乎都可以刷信用卡，甚至包括支付成人教育的学费，因为很多机构发现刷卡支付好处多多，最大的好处就是降低客户逾期或拒绝付款的风险。

很不幸，现在有不少公司正陷于追讨债务的泥沼中，有些甚至因为坏账太多而倒闭。花时间和金钱来追讨债务已经很糟糕，更糟的是，有些回款一直不能按时到位，或者根本无法追讨。如果接受信用卡付账，那这种问题就能迎刃而解。

承担手续费

每一笔信用卡交易，信用卡公司都会收取手续费。主动承担这部分手续费，以方便客户购物。这会极大简化你的生意和生活。

找专业人士帮忙

如果某位客户欠你很多钱，你可以找专门处理债务纠纷和相关诉讼的会计师和律师来处理。

向顾客咨询

推销员出身，而后成为成功的演说家、教育家的戴尔 · 卡耐基说过，如果别人不喜欢你，那让他们注意你、记住你的最简单有效的方法是——请他们帮忙。请客户帮忙自然会吸引对方的注意力，让他们牢牢记住你公司的名字。

在了解客户的反馈意见时，要让他们知道你尊重他们的意见，注重他们的参与。这里有一些向客户咨询信息的有效方法。

做现场调查

在销售现场，向顾客咨询他们对产品包装、货架摆放、商品陈列等方面的意见，也可以提出某个难题，现场咨询他们，比如某种产品滞销，你可以问客户怎么使它更吸引人。

请客户参与

邀请客户参加简短的产品展示。若资金充裕，你可以送每位参与者一张 5 元的礼品券或其他小礼物作为奖励。（其实，奖励可有可无，因为参与活动本身就能带来欢乐。）

额外服务

你还可以免费给客户提供什么额外服务？这里有一些建议：

- 60 天、90 天或者 120 天的保养提醒；
- 跟踪指导；
- 额外配套指导；
- 升级、加强服务；
- 新的配套产品；
- 新的配套服务；
- 其他客户如何使用本产品或服务；
- 3 个月跟踪调查；
- 总裁给客户的私人信件。

以上所有事项都是与客户保持联系的绝佳工具。这样做可以达到两个目的：一是为客户真诚服务，二是给客户留下深刻印象。

名言

帮助他人让我们快乐，是因为这让我们觉得自己不是一无是处。

——埃里克·霍夫，美国哲学家

简单生活的最简单法则

客户服务能做成生意，也能毁了生意。不过，你也不需要拼尽全力或者倾你所有来为客户服务。只需依照本章所说的来做，你就能提供优质的客户服务。

★ 无论是推销还是服务，与客户沟通用语尽量简短，说重点。

★ 通过讲故事推销产品或服务，让客户有个形象的认识。

★ 不要将大把时间和金钱花在拓展新客户群上，要把注意力放在老客户身上。

★ 分析谁是大客户，重点营销。

★ 与每位客户保持联系，即使是只做过一单生意。

★ 送礼物或寄感谢信。

★ 不断寻找方便客户的方法。

★ 允许客户刷卡购物。这样做既方便他们购物，也方便自己回收资金。

★ 请客户帮忙、提意见，邀请他们做调查，进行沟通交流，让他们感到你的重视。

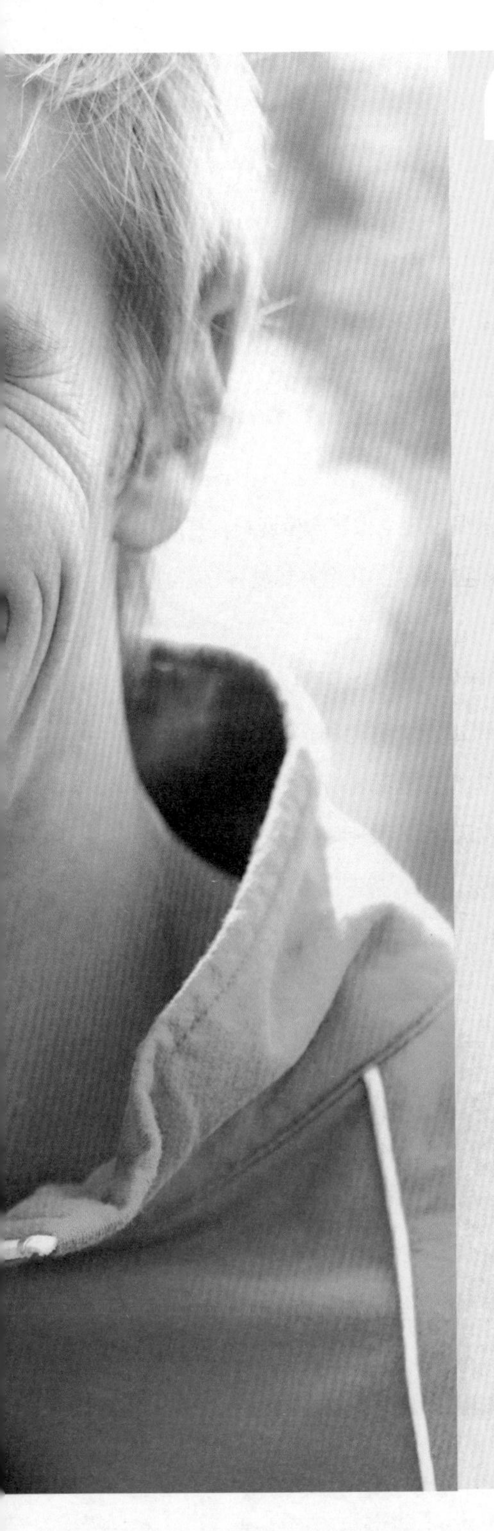

第三章
建立人际关系的简单方法

挤出时间给爱人、朋友和家人

简化与他人的关系不是让关系变得肤浅或毫无价值。充斥着不安、不信任、沟通不良的关系，会让你的生活变得纷繁复杂，而基于爱护和真诚沟通的关系则让人放松，更有价值。这章我们将重点谈论保证交往质量的简单方法。

朋友、约会、谈恋爱

北卡莱罗纳州杜克大学的一位教师在班上做了一份调查，结果发现：大部分学生，甚至是最漂亮、最受欢迎的学生，几个月都没有好好约会过，因为没有足够的时间约会。

现在，谈恋爱似乎遭遇到了空前危机，不是因为人们没兴趣认识其他人，开始某段关系，而是因为时间已成为一种商品，许多人不愿“浪费”时间面对面地交流，而情愿通过电脑、广告或者婚姻介绍所来寻找另一半。如果条件都符合，人们就一厢情愿地认为其他一切也都就绪。

要是连大学生都没有时间谈恋爱，那么有工作或者孩子的人又怎会有时间去经营爱情？一定要当心：如果你忙得都忘记去关心爱人，那么幸福的婚姻就将成为一纸空谈。

多交流

爱情成功的关键是开诚布公,自由交流。这里有一些打开话题的方法。

把道歉写下来

在纸上写下所有想向爱人说抱歉的事情。让爱人也这么做,然后交换。记住：犯错人皆有之，宽恕则属超凡。你要道歉的事情越多，得到的宽恕也越多。

志同道合

写下自己在事业、家庭还有其他重要事情上的目标，与爱人交换。如果你们能真心支持对方写下的大部分事项，那你们的关系会十分和谐。

心愿对对碰

与爱人分别写下对爱情的期盼。最理想的是你与爱人的想法一致，如果不符，也无须紧张，或许你们需要听听对方的建议。

你俩列的事项越多，越可能有个稳固的未来。

无论两人做什么，都要保证有趣味，比如一起偎在毛毯里看电影，一起去买讨论了很久但是还没买的东西，分享各自的三个秘密，或是翻翻相册，回忆你们过去的难忘时光。

幸福就在生活点滴中

有人曾描述过他理想的幸福，就是与妻子坐在门廊上，看着门前静静流淌的河水。这种安宁悠闲的时刻能让你全身放松，享受爱人的陪伴。你们俩有什么小事，能让你感到幸福？

培养和谐的亲子关系

有一天，你的家中会有一个小家伙降临，可能之后还会有更多。如何与孩子相处是门学问。你与孩子的关系会经历几个不同的阶段。

妈妈们，不要紧张。女人或许都想同时成为贤惠的妻子、成功的商务人士以及温良的母亲。她们不会听从“孩子休息，你也抓紧时间休息”的劝告——她们得趁孩子睡着的时间做家务，最后往往弄得自己身心疲惫。不要苛求自己把所有的事情做好，要首先照顾好孩子和你自己，休息好了再做其他的事。

爸爸们，振作起来。你不是唯一那个问“怎么才能照顾好孩子”的人。如今，大家都认为男人也得积极参与子女的养育，但是大部分育儿经验还是从妈妈的角度出发，爸爸们常常被排除在外。其实爸爸们可以多多交流，探讨与孩子相处的方法。

活跃孩子的思维

有些专家认为，现在的孩子容易烦躁，很大一部分责任在于电视、录像、电玩的泛滥。它们给孩子们呈现的都是快速变化的画面，孩子没有时间停下来仔细思考、消化、吸收新信息，所以解决之道就是：减少孩子看电视、打游戏的时间。你同意这个建议吗？

自编自演

让孩子知道，生活不仅仅在电视节目里。用旧袜子做玩偶，和孩子一起排练一出戏剧，或者根据孩子最喜欢的故事，编一个角色扮演的游戏。

自组乐队

你可以用纸管做笛子，方法是在纸上打几个孔，孔与孔之间相距一英寸，底端用蜡纸封住。你也可以在旧鞋盒的一侧挖个小孔，向对侧拉五条橡皮筋，这样就做成一个简易的五弦琴。捂上耳朵，让孩子来弹。如果你能跟孩子一起弹，那就更好了。

名言

孩子经常不听大人的话，但他们总是会模仿大人的行为。

——詹姆士·鲍尔温，美国作家

让孩子做家务

让孩子做家务有两点好处：一是给你减负，二是培养孩子的责任心。

让孩子做什么家务很重要。当然，任务要有挑战性，不然他很快会厌烦；但如果给他的任务太难、太复杂，他又会失去信心，这样就得不偿失了。另外，不能让孩子做像熨衣服、吸尘这样有危险的家务。

给衣服分类

洗衣服之前，让孩子把不同颜色的衣物分类。这是一个绝佳的学习机会，他可以边认颜色边分衣物。分完之后，你再检查一下归类是否正确，看哪些衣服需要单独洗。衣服洗好后，让孩子帮忙把衣服从烘干机中拿出（一定要确保烘干机已经凉下来了）。通过帮你洗衣服，孩子会了解到家务事不会自动做好，是要有人打理的。

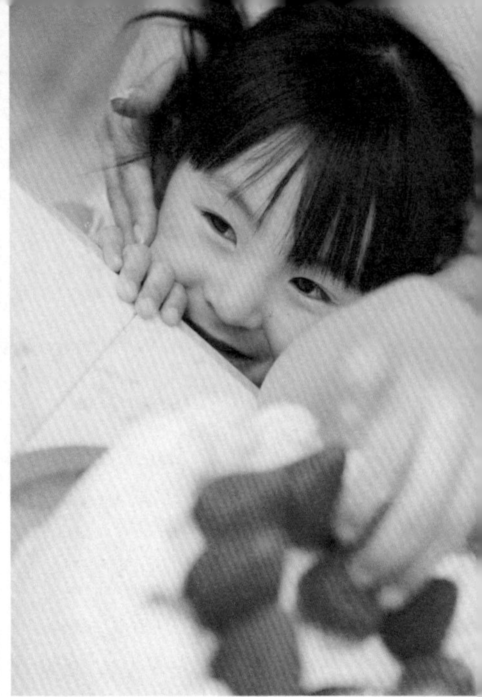

帮忙拣菜

对孩子来说，撕生菜叶做沙拉简单又好玩。先做给孩子看你要多大的菜叶，然后放手让他做。当然，他撕得没你好，不用太计较。你还可以邀请他做些简单的甜点。

自制午餐

让孩子自己做三明治，带去学校中午吃或周末在家吃。放手让他做，即便放上三份芥末和番茄酱，都随他。这样，他就更能体谅你为家人做饭的辛苦了。

收拾碗盘

孩子可以拿稳杯碟的时候，可以让他饭后收拾餐桌。不过杯碟最好选不易碎的，这样摔了也没关系。你还可以让他收拾塑料调味罐或其他不易碎的物品。所有东西收拾完毕后，让他把桌面擦干净。

让孩子自由发挥

举办生日派对这样的活动时，大人不要大包大揽，给孩子尽情发挥的空间。买一张白色纸制桌布和一套白色纸质杯碟，给每位小朋友一只无毒马克笔，让他们在桌布、杯碟上画画、签名，留做纪念。第二年你还可以把这块桌布拿出来，让更多朋友在上面留念。

把握管教和放手的度

要是孩子正值青春期，跟你的关系很糟糕，别气馁，这里有一些缓和紧张关系的方法。

坚定立场

态度强硬一些，让孩子知道你的底线，但不要用命令的语气和他说话，要赢得他的尊重。

给孩子留点空间

有时你要留点空间给孩子。对于孩子，你是不是太执着于某一点，

或者管得太多？有时候家长找孩子的茬，仅仅只是因为他们自己不喜欢那种行为。

给孩子做梦的权利

孩子有自己的生活，有自己的理想和抱负。这些理想或抱负你可能不能理解，或者理解了，但并不认为有意义。但是要让孩子拥有独立的人格，你就不要干涉太多，尽管他们还需要家长的引导。

一起享受生活

一家人要经常一起玩乐，享受生活。计划外出度假、郊游时，要让家里每一分子都贡献点子，最小的也不例外。一家人要紧紧团结在一起，相互支持，相互依赖。

建立家庭传统

把家庭琐事变成家庭传统，让它如同假日一样充满乐趣，比如，每周一次家庭聚餐，或者大家轮流做饭等，这样能让家庭成员有归属感和自在感。

把普通日子变成节假日

不要等到节假日才和家人一起。对于家人，尤其是小孩子，只要能单独跟你在一块，就会很高兴。找一些能和孩子一起玩的小节目，比如去野外捡松果，拿回家里种。

储存珍贵记忆

美好的家庭时刻不该只是记在心里。有很多保持珍贵记忆的方法，比如用摄像机记录重要时刻，刻成光碟，送给家里的每个人。剪贴本、相册、票根、剧院节目单、小朋友从学校带回来的手工作品等等，都可留做纪念。鼓励每一个人记日记，写下家庭故事。孩子喜欢成为家庭传统的一部分，长大后他们会将这些纪念品展示给他们的家人。

勇敢面对孩子带来的尴尬

要珍惜孩子带给你的欢乐，也要接受他们带来的难堪，比如在超市付款处，你五岁大的宝宝尖叫哭闹不休，这让你颜面无存。其实，周围的父母都能体谅你的这种境况，孩子都会这样。微笑地体味这个时刻吧，即使看上去有点尴尬。

书写家庭宣言

孩子再大点的时候，让他们参与家庭的一切活动。集合所有成员，让大家写下他们认为最重要的事以及家庭的使命是什么。只要几句简简单

单的话，能让每个人承诺一起工作、玩乐就行。修改润色一番，家里每个人都觉得可以,就把它作为家庭宣言。把大家认为重要的信念转化成文字，可以加深它的含义，让每个人清楚了解这些信念。

如何面对批评

在社会中，你要面对不同的人，要扮演各种角色，家长、爱人、职员等等。时不时地，你会接到别人的负面评价，这在所难免。要和别人建立良好的关系，关键在于怎么面对这些批评。

控制怒火

以下的策略能帮你冷静面对批评，尤其是不公正的批评。

承认自己容易遭人攻击

著名主播芭芭拉 · 沃特斯很懂得如何面对批评。1976 年，沃特斯被 ABC（American Broadcasting Company，美国广播公司）高薪聘请，成为首位主持晚间黄金时段新闻的女主播，和哈里 · 里森纳共同主持 ABC 新闻，但是新闻收视率大幅下降。最后，沃特斯转做其他节目，现在她已是 ABC 的王牌主播。

一次访谈中，沃特斯被问到之前她节目的收视率为什么那么低，还有 ABC 高层为什么对她的表现不满，沃特斯正视主持人，用一种柔和而又威严的语气说：“我想我应该是这个时期

容易受攻击的人吧。”沃特斯的回答巧妙地封堵了主持人的口，如果他再问一些刁难人的问题，那说明他也是在欺负沃特斯。

受伤了也要听

下次有人再批评你，而你觉得这不公平时，耐心听，找到里面对自己有帮助的话，即便是最刻薄的攻击，也会有值得挖掘的启发。

不管是怎样的人身攻击，不要认为对方是在针对自己。毕竟这些批评是基于你做的事情或你的行为，而不是基于你个人。

承认自己有错

所有的批评都带有主观性。那些说你做得很糟的人，是在发表他自己的观点，也许其他人觉得你做得还可以。但是，有时候的确是你做得很糟糕。这时，你最好让人家把话说完。不服气、打断对方的话只会火上浇油，让对方更恼火。

礼貌回应

对方批评完之后，要礼貌回应。如果你说不出让人高兴的场面话，至少不要说一些不好的话。你可以说“我会好好考虑您的意见”，“感谢您的意见”，“我懂您的话”，“我明白您的意思了”或者“您说的每句话，我都清楚了”。不管怎样，不要挖苦或取笑对方。要让别人觉得，你把他的批评当做是有建设性的意见。

勇敢接受

在批评中寻找对自己有帮助的东西。别人批评时，不要想太多，别加入太多自己的理解。即使有的批评实在令人难以忍受，还是要记着点头，和对方有眼神交流，尊重对方。如果忍不住要开口，那就多向对方了解一些信息。慢慢地，这批评可能就没有开始那么难以接受了，或许对方还能提出一些好的建议或意见帮你脱困。

请对方帮你

如果你打算听从别人的意见，就让对方知道，并请他帮忙。要是他了解全部情况的话，是可以帮你一把的。

乐观主义者的信条

自愿者组织——国际乐观者协会积极赞助那些影响年轻人生活的项目，每年有 600 万年轻人从中受益。以下的乐观主义者信条体现了这个组织的理念和使命。我们都应该认真遵守这些充满智慧的信条。

- 让自己坚强，任何东西也无法扰乱内心的静谧。
- 多和他人谈论健康、幸福以及成功等积极的话题。
- 让所有的朋友都感觉他们各有所长。
- 看到事物积极的一面。
- 对他人的成功要像对自己的成功一样报以欢呼。
- 忘记以前的错误，抓紧眼前，以期将来获得更大成功。
- 时刻保持微笑，微笑面对每一个人。
- 专注于自我提升，不留时间去评论别人。
- 豁达而少忧虑，高雅而不动气，勇敢不知恐惧，快乐不容芥蒂。

不要针锋相对

除非你有十足把握能说服别人，不然就不要在别人批评你的时候和他争锋相对。如果想要反驳，就抓住重点或最有说服力的一点，不要说一大通批评对方的话，这样并不能解决问题。别人批评你时，不要摆弄小玩意儿或把脸转向别处，表现出不耐烦的样子，就算你心里真的想这样，也别这么做。

真出错的时候怎么办

有时，别人对你的批评一针见血。这时你要敢于认错，承担责任。

担起责任

勇敢承担事情的后果。“我来负责。既然皮球在我手里，我就会自己拿着，不会丢给其他人。”

突出积极的方面

告诉对方你下次会怎么做，比如“为记住这次教训，我下次打算这么做：一、二、三……”，或者“好主意。下次出现类似问题时，我就这么办……”这么说之后，你会发现气氛很快就缓和下来了。

简单生活的最简单法则

以下法则能让你不需要做太多，就能改善与他人的关系：

★ 无论是爱人还是家人，和他们制定共同目标，这会让你们的关系更紧密。

★ 让爱情保鲜。在平常的日子里做一些有新意的事，大胆找乐子吧。

★ 找些安全、简单的小事给孩子做。

★ 把毕生难忘的记忆通过照片、视频等方式保存下来。

★ 坚定立场，但要理解孩子。及时引导他们，但不要忘记孩子也是独立的个体。

★ 认真听取他人的批评，因为它可能对自己大有帮助。

★ 不要急着反驳别人的批评。

第四章

健康饮食小常识

吃什么喝什么要清楚明白

市面上有关健康饮食的书籍层出不穷，这让很多人无所适从，不知道听谁的好。几乎每个月研究人员都会在这方面取得重大发现，但接着总会被其他研究推翻。这章我们将从种种争论中找出最主要的健康食品，还会教你怎么形成健康的饮食习惯，如何挑选食物，控制食量，克制食欲，当然还有最重要的——了解身体的需求。这些都是经过检验的、十分有效的饮食方案，你可以马上试试，或许还能坚持一年、两年甚至一辈子。这些方法能让你简简单单达到保健的目的。

最根本的最重要

不想生活变得太复杂，那就回归本质，健康饮食也是如此。不要管那些层出不穷又相互矛盾的说法，对于吃什么、不吃什么，有些基本的原则并没有变，它们才是健康饮食的关键。

要做什么

要吃得好，并不复杂。坚持以下理念，你就不会错。

食物金字塔

列有多种食物的食物金字塔已经成为健康饮食的标准。这个金字塔告诉我们，每天热量的主要来源是谷物（含面包、米饭和面食）、水果和豆类；蛋白质——肉类、鱼类、禽类、蛋类及奶制品，则放在第二位，处于配菜的地位；尽量少吃脂肪类和甜食。这种吃法，能为身体提供多种营养，保证健康。

吃高纤维食品

谷物、水果和蔬菜中含有一种高纤维、难消化的成分，能降低患癌症，尤其是结肠癌的风险。研究人员认为，尽管瑞典人喜欢吃高脂肪食物，但是因为他们吃高纤维的黑麦面包，所以患癌率很低。争取每天吃 25 克纤维。

多喝水

把白开水作为首选饮品，它不含热量，可以给身体补充水分，更能解渴。不过据统计，一个美国人每星期喝的饮料比水还多。饮料里面都是身体不需要的垃圾，如糖分、钠盐、防腐剂等。

读标签，知成分

食物标签告诉我们很多营养成分的信息，这是我们选食物的重要依据。你可以根据标签上的热量以及脂肪量计算自己每天的摄入量，还可以以此控制饮食。比如，如果 20 根炸土豆条就包含 150 卡路里的热量和 10 克的脂肪，你就知道不能把一整包都吃下去。其实，你最应该把炸土豆条换成其他有营养的零食。

远离不健康食品

看标签时，记住以下原则。它们能帮你远离那些不健康的食品。

摆脱膳食脂肪

普通美国人每天摄入的热量有 34%

来自脂肪。科学家指出：高脂肪摄入量会直接增加患癌率。每 10% 的热量来自于脂肪，患癌的几率就会增加 4 ~ 8 倍。

要降低脂肪摄入量，就要少吃肉类和棕榈油。这些食物里含有的饱和脂肪会降低人体免疫力，不利于我们的健康。多吃含单一不饱和、多元不饱和脂肪的食品，如菜籽油、亚麻油、橄榄油、鳕鱼还有鲑鱼等。

避免摄入添加剂

有时读食品标签上的成分就像是在看外国文字，根本看不懂。你经常能碰到一些陌生的、拗口的词，如磷酸氢二钾，硬脂酰乳酸钠等，这些都是添加剂。

尽管食品和药品管理局认为这些添加剂是安全的，但它们也有副作用。一些色素，如食用色素黄色五号，可能会引发过敏反应，导致荨麻疹、流鼻涕以及呼吸急促等；红色三号在动物实验中会诱发癌症，因此在所有化妆品中已经禁用，但一些食物中还有添加。

匹兹堡大学临床饮食与营养学教授芭芭拉 · 德斯金斯博士说，最好的办法是吃多种食物，以防止长时间摄取某些添加剂而中毒。多元化的饮食还能保证身体得到全面的营养。

高档食品要适量

假如你经常吃厚牛排、优质冰淇淋等高档食物，就很容易缺乏营养。但是，人们还是很喜欢这些食品，而生产商也因此赚得盆满钵满。

当然，你有权力吃，不过要适度。比如一个星期只吃一客冰激凌，或者每隔一个星期，在星期六晚上吃一份厚牛排。当然，你可以自己决定什么时候吃、吃什么。不要相信杂志、电视或广告牌上的广告，说什么每天吃都没关系，其实关系很大。

吃的艺术

现在你知道要吃什么了，再让我们看看在何时、何地吃，怎么吃。要想吃得健康，吃得满意，必须注意这些因素。

吃饭时放轻松

打从会拿碗筷的时候起，爸妈就告诉你要慢慢吃，细嚼慢咽，不要狼吞虎咽。这是对的，即使长大了，吃饭也得这样，不能一味讲求速度。你绝对有权力慢慢享受一顿营养的、令人满足的餐点。

早餐，坐下来吃

很多人都是在上班路上吃早点，而那些在家吃早饭的人,也常常都是站着,很快地“消灭”早餐。如果早上没时间坐在餐桌旁，那晚上就提前 15 分钟睡觉。

中餐，离开办公桌

在办公室吃中饭的时候，离开你的办公桌。坐在办公桌前，你就不能好好吃，因为很多事会转移你的注意力，而且这样对你也没什么好处，工作效率并不会提高。给自己半小时的时间，去自助餐厅或是公园，坐着悠闲地吃顿饭。如果可以的话，自己带中餐，这样能保证营养。

了解你喝的水

你家自来水的质量怎样？水的味道可以帮你大致判断一下，也可以看看你家的水管。如果出现脱色或螺丝上有麻点，那就说明水管的铅渗到水里了。除了换水管以外，最好的方法是装一个逆渗透滤水器。这种装置能让水通过一层薄膜，过滤掉污染物。

晚餐，早点吃，吃少点

晚上吃得越早、越少，第二天就

越有活力。

如果你在很晚的时候吃大餐，身体就不能有效地消化和代谢所吃的食物，第二天早上你会感到很疲乏。有研究表明：如果你长时间在晚上七点之后吃晚餐，即使和饭点早的人吃得一样，一年也会比别人多长七磅（约 3.18 公斤）。

细嚼慢咽

每顿饭都要慢慢咀嚼，细细品味。很多人吃饭都太快，一口饭嚼不到 20 次，这样食物不能与胃液充分结合，消化不好，营养也就吸收不了。

细嚼慢咽能保证食物充分消化，营养得以吸收，废物也能很快排掉，还会让你感到更加满足。

合适的用餐环境

许多因素都会影响饮食健康，其中一个就是用餐环境。

一天纤维摄入量

不需要计算纤维的克数，这份“菜单”能保证你每天摄入 25 克的纤维。

- 两到三杯全麦食品，如面包，糙米以及高纤维麦片。
- 一杯半豆子。
- 四到五杯新鲜蔬菜，包括叶类蔬菜。

选择大地色调装饰餐厅

科学家发现：亮色能增强食欲，所以麦当劳、温蒂、汉堡王等快餐厅都选择亮橘色、红色和黄色做主色调。你家的餐厅也可以效仿，至于餐具和桌布则可以选冷色，如墨绿、蓝色、棕色等。

不要单独用餐

一个人吃饭容易多吃。如果有人陪伴，当你想吃第二碗（甚至第三碗）时，就不会直接去吃，而会有所顾忌。

外出就餐指南

外出用餐可以给你多种选择，但菜都是别人做的，你不知道自己餐盘里到底都有些什么，最后可能就摄入了太多的热量和脂肪。

减小分量

大部分人都知道，太多的脂肪摄入量长了我们的腰围，也毁了我们

的健康，但我们没有意识到，正是餐馆里的大分量的菜让我们摄入过多的热量，最后增加了我们的体重。

那些一英寸厚的牛排、深盘披萨、大份蔬菜沙拉、大块馅饼让你每天吃入过量的食物。以下原则，能让你避免这种情况。

留一半打包

在吃之前告诉自己，只吃一半，因为这一份全部吃完可能就太多了。把不吃的那一半打包带回去。如果你觉得自己会忍不住要把另一半也吃完，就让服务员在上菜之前，就把一半先打包。

共享食物

和朋友一起去餐厅吃饭时，可以提议两人共享一道餐点。点餐时，

让服务员再上一个盘子，把餐点分成两份。

拒绝甜点

在餐厅吃饭不吃甜点有三个好处：第一，省钱；第二，一般甜点分量很大，不吃可以防止吃得太多；第三，甜点含有大量的脂肪和糖分。如果真想吃点甜的东西，可以用新鲜水果或其他健康的食物代替。

有关外出就餐的更多建议

除以上策略外，以下建议也能帮你在外面吃得健康，吃得放心。

换道菜

很多餐馆为了留住客人，会尽力满足客人的需求。你可以把炸土豆片换成烤土豆，凉拌卷心菜换成田园沙拉，减少热量和脂肪的摄入。一般餐馆都会满足你的要求，而且也不会因此加价。不用加钱，还能吃得更健康，何乐而不为？

躲过用餐高峰

如果本地用餐高峰在晚上六点半到八点半之间，那你就五点半或六点去吃。这个时候服务员和厨师都不忙，能给你提供较好的服务，而且你也能慢慢享用美食，和朋友好好聊聊（记住，晚上吃得越早越健康）。

体重——一个重要的问题

有一个引人深思的问题：全美有 53% 的女性和 75% 的男性都说他们吃的是低热量或低脂的食品，但 64% 的美国人体重还是超标。很多人不了解食物，后果就是，我们的腰越来越粗。

减肥小窍门

减肥不用那么费力，不要你饥肠辘辘、没精打采、闷闷不乐。只要稍稍改变饮食习惯，你就能让体重有所改变。

改变观念

饥饿减肥法不仅没用，而且不健康。研究人员说，减肥的关键在于改变心态。不要只想着热量和脂肪，要吃健康的食物，如谷物、水果以及蔬菜。不要想节食，而是想如何保持身体健康。简单的改变能让你慢慢地、永远地瘦下来。

不用拒绝最爱的食品

减肥不是让你永远放弃最爱的食品。减肥成功的人会告诉你，他们偶尔也会放纵一下，在特殊的时候好好吃一顿。

吃什么最有营养？

要获得可靠的健康饮食建议并不麻烦，这里有些资源。

找专家。营养医生和注册营养师是膳食方面的专家，你可以去咨询他们。要确保你找的专家有良好的资历，如果拜访过之后，你不太相信他们，那就找其他的。

读一读，学一学。很多杂志和书籍都有关于健康饮食的权威文章，作者一般都是营养学专家。你也可以去图书馆翻阅相关期刊。

一步一步慢慢来

不用一下子就把高热量、高脂肪的食品全部戒掉，慢慢地、循序渐进地改善饮食习惯。

这里我们来分享一个弗吉尼亚人减肥的故事，他决定每三个星期戒掉一种食品：首先戒掉了黄油，瘦了点；其次戒掉了肉类，瘦更多……这样坚持了 15 周，他减掉了 35 磅（约 15.88 公斤）。然后他开始了新的饮食计划，以保持标准体重。

这种减肥方法适用于中等偏胖，但身体健康的人群。如果你被诊断为肥胖症，那就得去看医生，

在医生的指导下减肥了。

留心饥饿信号

如果身体需要食物，它就会让你知道。要注意它的暗示，排除假的信号。

注意真正的饥饿信号

长期节食、计算热量和脂肪摄入量会削弱身体对饥饿的反应能力。知道自己什么时候真的饿了，这和知道自己什么时候饱了一样重要，因为这能控制你的食量，不让自己吃太多。

要让自己对饥饿变得敏感，你可以在吃饭时试试这种方法：吃第一口食物之前，给你的饥饿程度评个级，0 级为一点也不饿，5 级为很饿。吃完餐盘里四分之一的食物，再看看你的饥饿程度。反复练习几次后，在没吃完餐盘的东西前，你可能就感到饱了。

名言

不在乎自己胃的人，肯定也不在乎其他东西。

——塞缪尔·约翰逊，英国作家

慢慢吃

在大型的社交场合，食物有助于你和他人的交谈，所以你不能随便放下碗筷，但这样很容易吃多。解决的办法就是慢慢吃，注意身体的反应。如果觉得饱了，就放下碗筷；如果感觉饱了，但是还想吃，可能是因为你吃的食物不均衡。当然，你不能再回到餐桌旁。下次注意选择对的食物。

自己定中餐时间

你并不一定要在中午吃中饭。休息一下，尤其是在工作了一上午之后，等到真的饿了再去吃。

不要被坏情绪迷惑

紧张或孤独可能会让你从食物上找安慰。如果你发现自己要通过吃零食来消除内心的烦乱，就一定要停下来，分析一下是什么让自己有饥饿的错觉。不管怎么样，吃解决不了问题。

抑制对不健康食物的渴望

如果你对油腻、高盐或高糖的食品怀有强烈的渴望，那就要当心了。下面有些建议，可以帮你控制这种渴望。

远离诱惑

路过摆着金灿灿小面包的柜台时，那颜色、那香味会引发你的渴望，但这并不是说你真的需要食物，所以你要抑制这种冲动，不去管它们，继续前进，远离它的影响范围。几分钟后，这种渴望就会平息下来。

吃一点点

如果你想吃巧克力、冰激凌或者其他甜食，那就吃！但是别吃太多。美国著名的心脏病专家、低脂饮食倡议者迪恩 · 奥尼什医生也建议要吃点自己想吃的东西。他每星期会允许自己吃两到三次少量的高脂肪食品。这一点点的食物能让他的渴望得到满足，对食物保持美好的感觉。

留意巧克力的“呼唤”

假如你是个“巧克力狂”，恭喜你，你非常幸运。现在，超市里有许多健康、美味的巧克力食品，即低脂，又保持了巧克力的原味。脱脂或低脂巧克力冰激凌和雪糕也很受欢迎。

研究表明：人类——尤其是女人——爱吃巧克力，是因为它能刺激人体分泌内啡肽，也就是一种让人感觉愉悦的脑部化学物质，可以提振情绪。所以当你发现自己要吃糖或巧克力的时候，问问自己是不是感觉紧张，或心情不好。如果是这样，就出去走一走，看部喜剧片，或者给朋友打个电话，这也同样能让你感到愉快。

食品和身体

吃饭的目的，自然就是为身体提供必要的能量，以保证其正常工作。

但是食物还会以其他意想不到的方式影响我们的健康。

是不是吃什么引起的

食物能引发也能治愈某些身体异状。如果你在为身体的一些小异样感到困扰，想想你吃了什么，或者少吃了什么。

喝水防脚抽筋

如果脚经常抽筋，尤其是在运动过后，你可能脱水了，要做的自然是多喝水。大部分专家要求每天喝 8 杯 8 盎司（0.23 升）的水，运动时更要多多补充水分，同时再吃根香蕉或喝一杯低脂酸奶，这样能补充运动时流失的矿物质。

预防胃痉挛

如果吃完奶制品后会腹胀、腹泻或排气，那么你可能有乳糖不耐症，也就是肠道缺乏乳糖酶，不能分解奶制品里的乳糖。一两个星期之内不要

吃奶制品，看看症状有没有消解，如果有，就吃无乳糖奶制品，或补充乳糖酶，并去看医生。

高脂肪食品的惊人影响

长年吃汉堡、炸薯条等油腻食品，会对人的生活产生惊人的影响。盐湖城犹他大学几年前就做过研究，发现高脂肪食品会抑制睾丸素的分泌，而睾丸素能激发男性和女性的性欲。

另外，对于男性来说，脂肪会堵塞血管，包括阴茎周围使之勃起的血管。

了解身体发出的信号

身体知道它受不了什么，而且会告诉你。你要做的就是认识身体出现的种种症状，并采取行动。如果吃鳄梨会起大片疹子，那就不要吃墨西哥薄饼上的鳄梨色拉酱；如果吃意大利香辣肠会胀气，那就换换披萨的浇头；如果吃完热狗就偏头痛，下次野餐时记得换成汉堡。

基本口腔护理

每吃一口东西，牙齿都在为你工作。好好保护它们，因为它们会跟你一辈子。如果不刷牙、不用牙线洁牙，那你迟早会去牙医那儿花钱又吃苦。以下建议能保证你的牙好，胃口好。

吃完立刻刷牙

吃完枣子、无花果、葡萄干等粘牙的食品后，立刻刷牙。牙科医生发现这些食物里不仅含糖，还会一直粘在牙上，这都会增加蛀牙产生的几率。

用软毛刷

美国牙医学会建议大家用软毛牙刷。硬毛刷会刷走牙釉质,弄破牙龈。

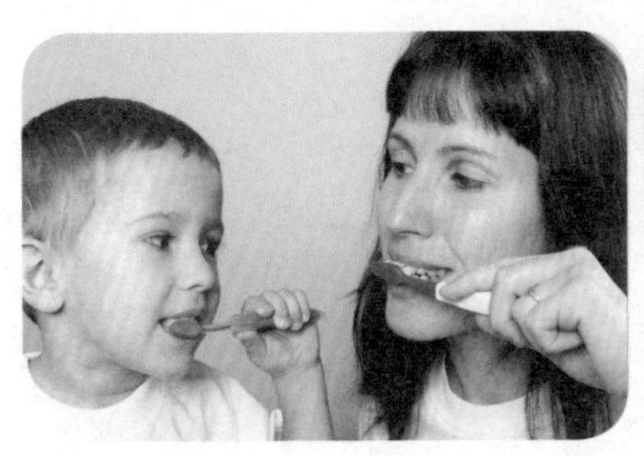

牙医学会消费顾问、口腔外科博士马修 · 马西那说："硬毛刷的唯一用处就是刷轮胎的白圈。"

学习正确的刷牙方式

牙医学会建议：刷牙时，刷毛与牙齿成 45 度角，这样刷毛能同时和牙齿、牙龈接触。轻轻地来回移动牙刷，动作不能太大。如果刷毛四向张开，说明你刷牙的力度太大。

自测刷牙技术

牙斑染色剂，这种药片在药房能买到，它能检测你的牙齿有没有刷

鸡汤治鼻窦炎

过去，人们用鸡汤来治感冒，即便是现在，鸡汤也是很好的治感冒偏方。

鸡汤里有丰富的抗氧化剂，它能增强你的免疫力。洛杉矶加州大学医学院教授欧文·冉门博士说，鸡汤越浓、越热、越香，就越有效。煮鸡汤的时候，用力吸一下蒸汽，很快堵塞的鼻子就通了。红辣椒、山葵还有芥末也都能缓解鼻塞症状。

干净。刷完牙嚼一片，它能产生一种对身体无害的染色剂，一般是亮红色，只要牙上有不干净的地方，都能被染上色。用一两个星期，你就能了解哪些地方经常刷不到。刷牙时多注意那些地方，很快，你就能通过测试，把牙真正刷干净了。

简单生活的最简单法则

要吃得健康，你并不需要去读营养学方面的学位，也不需要仔细计算每餐吃下去的热量或脂肪。按以下建议做，就能让自己吃得健康。

★ 把谷物、水果和蔬菜作为主食，肉类、鱼、禽类、蛋类、牛奶制品作为配菜，脂肪和甜食能不吃就不吃。

★ 力争每天摄入 40 克纤维。

★ 用白开水取代高热量饮品。

★ 早上吃得多，中餐吃适量，晚餐吃最少。

★ 慢慢吃，细细嚼，品味每一口。

★ 餐馆的饭菜吃一半，打包一半回家。

★ 偶尔满足一下自己，吃一些高热量、高脂肪的食品，但是不要吃太多。

★ 感冒的时候喝鸡汤。

★ 注意身体表现出的症状，如果吃某种东西过敏，以后都不要再吃。

第五章
不费力气地锻炼

用简单方法将锻炼融入生活

超重、身体亚健康已经是一个严峻的现象，它带来了不少健康问题，包括美国人的头号杀手——心脏病。

其实，让身体健康并不需要花特别大的力气，甚至不需要流一滴汗，你只需每天花一点时间做一些身体活动。

本章提供的信息能让你找到适合自己的运动方法。我们关注的都是简单的运动，而不是那些让许多人开始时兴致勃勃，但是一个星期内就会放弃的复杂运动。

能坚持下来的健身运动

1912 年总统选举时，西奥多 · 罗斯福在演讲之前，遭到近距离射击。子弹打在了罗斯福的胸口，从他胸前的眼镜盒上反弹开来，刺进了他的肺部。罗斯福只是用手帕掩盖了伤口，就开始他的演讲。演讲结束，他被送去医院治疗，最后这颗 0.38 英寸的子弹一直留在了他的体内。罗斯福的故事告诉我们一个十分重要的道理：我们其实比自己想象的要坚强。只要我们能好好对待自己，我们的身体就可以承受很大的压力。

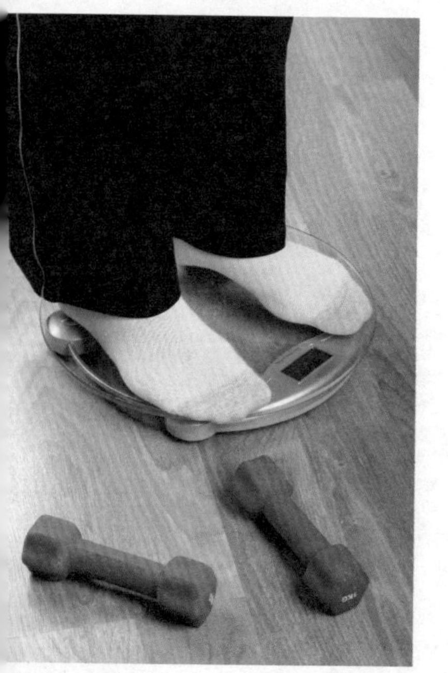

开始运动之前

开始某个健身项目之前，要保证你已经做好准备，尤其在很长时间都没运动时。以下是必须要做的事项。

做个身体检查

最开始，你要做一个全面的身体检查，因为你起码要了解自己的健康状况，才能知道什么运动你能做，身体哪部分需要锻炼。如果年龄在 40 岁以下，身体健康，

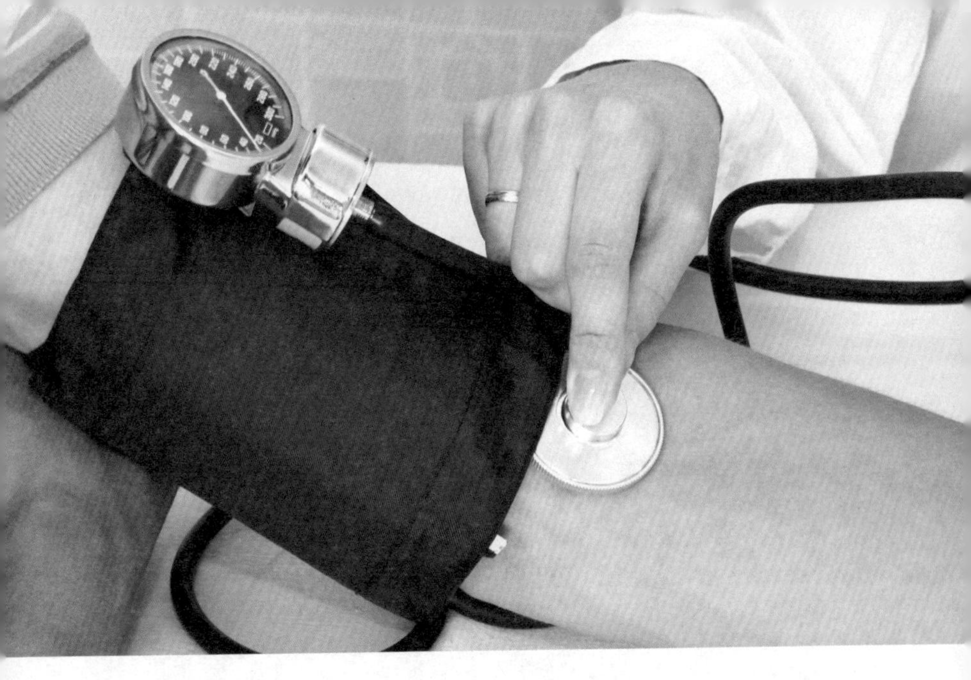

两年检查一次身体就可以了；40 岁以上，建议一年检查一次。随着年龄的增长，像女性的乳腺癌、子宫癌和男性的前列腺癌这样的疾病，发生率会增加。一年体检一次能让你清楚了解自己的身体。

要做全套身体检查，包括心电图检查和血液检查。这样，你和医生对你的身体状况就能有个更全面的了解。

设定目标

如果健康检查反映身体某方面有问题（也许你已经知道），就把这个问题当成健身的原动力。假如你血压高，那就设定半年后血压要降到某个指数，计划一下做什么能达到这个目的。日常锻炼可行，改变饮食习惯也是可以的。其他很多保健目标也可以用同样的方法达成。

塑身，减肥

从 20 世纪 60 年代以来，美国人都在变胖。越来越多的人超重，身材走样。

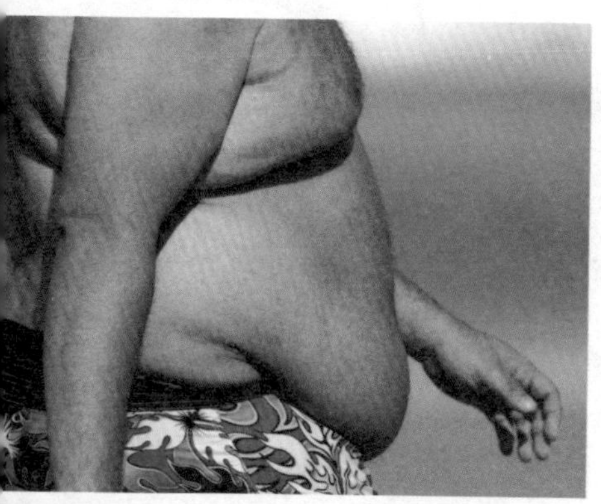

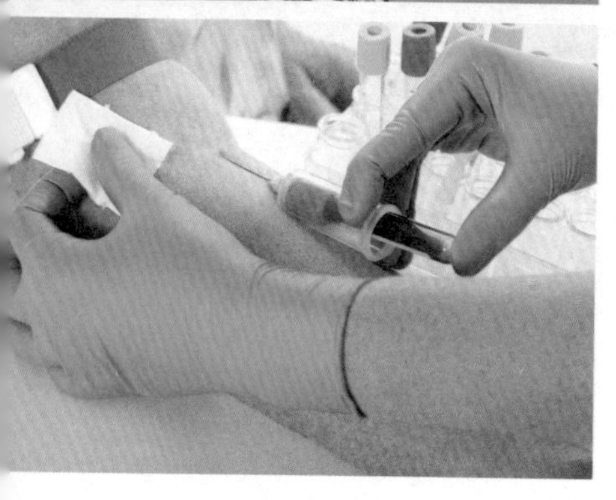

传统的身高体重表已经没用了，因为它是基于全国平均体重水平的，而不是基于专家认可的健康标准。比如，许多医生认为身高 5.5 英尺（1.68 米）、体重 137 磅（62.14 公斤）是大体格女性的标准身材，但是大都会人寿保险公司的身高体重表上，认为 5.5 英尺高的女性，标准体重为 137 ~ 155 磅（70.31 公斤），这当中可是多出了 18 磅（8.16 公斤）。

超重已在成年人中拉响警报，孩子中又是什么状况？美国国家卫生统计中心发布的数据显示，美国儿童也在不断长胖。6 ~ 17 岁孩子中超重的比例比 1980 年增长了一倍，而 1960 ~ 1980 年间，这个数据几乎没变，原因可能是：孩子吃的垃圾食品变多，而锻炼却变少了。

根据纽约州杰里科的国际体重监测会报告：肥胖症每年要花掉美国人 1470 亿美元，还会导致成千上万人过早死亡。监测会公司事务部经理琳达 · 韦勃 · 卡里利说：“毫无疑问，肥胖不健康……肥胖症是现在美国增长最快的健康问题。”

很多人开始努力塑身，可惜结果经常让他们丧气，主要是因为他们没有耐心，等不到理想的结果出现。减掉腰上或其他部分的肉是要时间的。不过只要采取合适的方法，就能达到长效的结果。以下是几条基本原则：

计算理想体重

一个尊重现实的体重目标，能让你在减肥时有动力。计算理想体重有很多公式，这里介绍一个简单的：以 5 英尺（1.52 米）100 磅（45.36 公斤）为基数，每高 1 英寸（2.54 厘米），男的增加 5 磅（2.27 公斤），女的增加 4 磅（1.81 公斤），结果就是中等身材的体重。体格大的，再加上 10%；体格小的，减 10%。

比如，一个中等身材的女子，高 5.5 英尺（1.68 米），体重应该是 120 磅（54.43 公斤），即 5 英尺的 100 磅，再加上 5 乘以 4 磅，即 20 磅；如果是体格大的，理想体重就是 132 磅（59.87 公斤，即 120 磅加上 10%）；如果体格小，就是 108 磅（48.99 公斤，即 120 磅减去 10%）。

不要过度补偿自己

许多人有这样错误的想法：如果激烈运动 30 ~ 50 分钟甚至更长时间，那他们就能放开肚皮，大吃大喝了。当然，要是你想瘦下来，就千万不要这么做。要赢得这场“战役”，要吃得健康，而且得多运动，烧掉多余的热量。

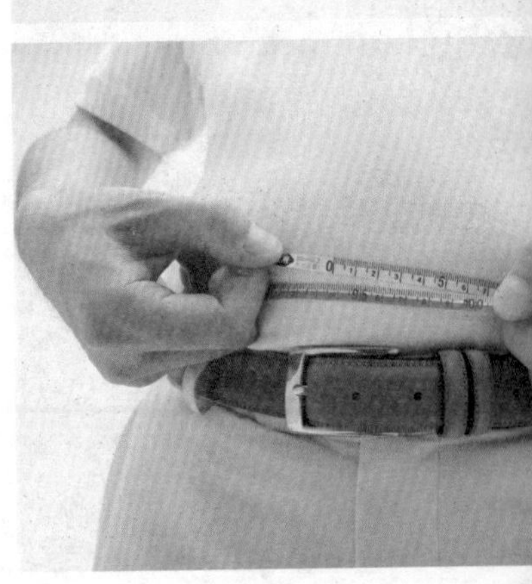

全新视角

当你抱有达到某个体重标准的梦想时，就可能很快忘记锻炼的原因，那就是保持身体健康。如果你看不到预期效果，很有可能会中途放弃。

不要因为小小的挫折而放弃锻炼。设定合理的目标，尽量让健身方便有趣，成为你生活中不可或缺的一部分，能带给你实实在在的益处而不只是一种期盼。

量身定制健身项目

健身最重要的是不能让它成为一种苦差事，否则你就要换一种健身方式，或者想办法让它变得容易。只有你才知道自己喜欢什么健身方式。如果问题出在抽不出时间上，你可以看看以下建议。

灵活利用时间

大部分人都认为每天必须空出至少 30 分钟来锻炼。如果时间允许，当然很好；如果时间不允许，请记住：任何运动，即使是 15 分钟的散步，也能达到一定的健身效果。寻找简便的方法，在有限的时间里做相应的运动。你的任务就是每天让身体多活动一些。

做“机会主义者”

要善于在日常生活中捕捉锻炼的机会，比如，去超市的时候，把车停在离入

口最远的停车场，就有机会多走一点路。同样，乘坐公共交通时，提前一站下来，剩下的路步行。在大楼里办公的话，就多走走楼梯。

名言

不知道如何保健的人，应该马上把自己埋起来。

——易卜生，挪威戏剧家

做一些简单的运动

步行是最简单的运动方式。任何地方，任何时间，只要想走都可以，你所需要的装备就只是一双轻便的鞋子。如果你打算通过步行健身，记住以下建议。

先走，再吃

养成饭前饭后走几步的习惯，即使就几分钟也好，这样可以抑制食欲，你不会吃太多，也不会吃完就饿，更不会吃完就躺下。

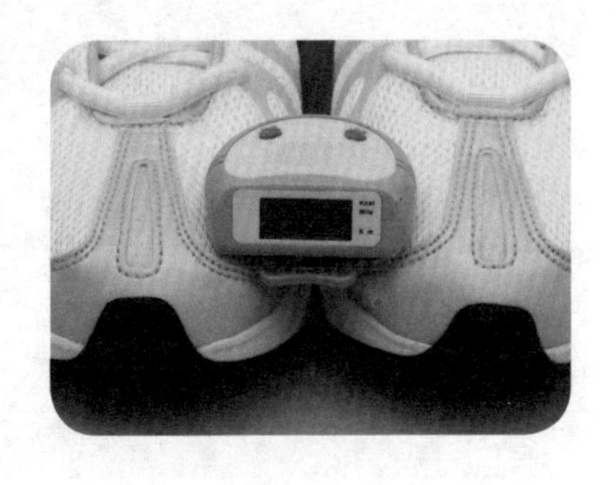

只要方便，就走走

早上或晚上，在小区里走几圈，就能保证每天 15 分钟的运动量。要是你住在超市附近，那走上一个小时绝不是难事。不过要记住，得不停地走，不要中途停下来看店里的东西。

边走边摆臂

散步时，手臂要摆起来。这看起来可能有些搞笑，但能锻炼你的心血管系统。摆臂时，尽量把手臂抬高，举过头顶，次数越多越好。交响乐指挥为什么都长寿？科学家认为指挥要时时高举指挥棒，手臂的位置高于心脏，这样就增强了心肌的力量。

根据环境改变策略

当然，有些时候环境不允许你去户外或超市运动，但不是说你就必须放弃那些天的锻炼。下面有一些建议，帮你根据环境调整运动方式。

边看电视边运动

下雨天，如果你打算就在家看电视，为什么不边看电视边运动呢?找一档健身节目，跟着主持人一起运动。你也可以做做健美操，用哑铃进行力量训练，甚至可以买一台跑步机、单车机或其他健身器材，专门在看电视的时候用。

加入健身俱乐部

加入健身俱乐部，各种器械尽在手边。跑步机和单车机是最佳的锻炼器材，因为它们能让你慢慢进入状态，结束之后能慢慢停下来。

说话慢，寿命长

《心血管护理杂志》的一项研究表明：语速快的人容易患心脏病。研究人员让 111 名被试者大声朗读美国宪法，快读两分钟，再慢读两分钟，同时测量他们的血压和心率，发现快读会使血压和心率急剧上升，这两者皆为引发心脏病的病因。说话时慢一点，能保持血压和心率平稳。

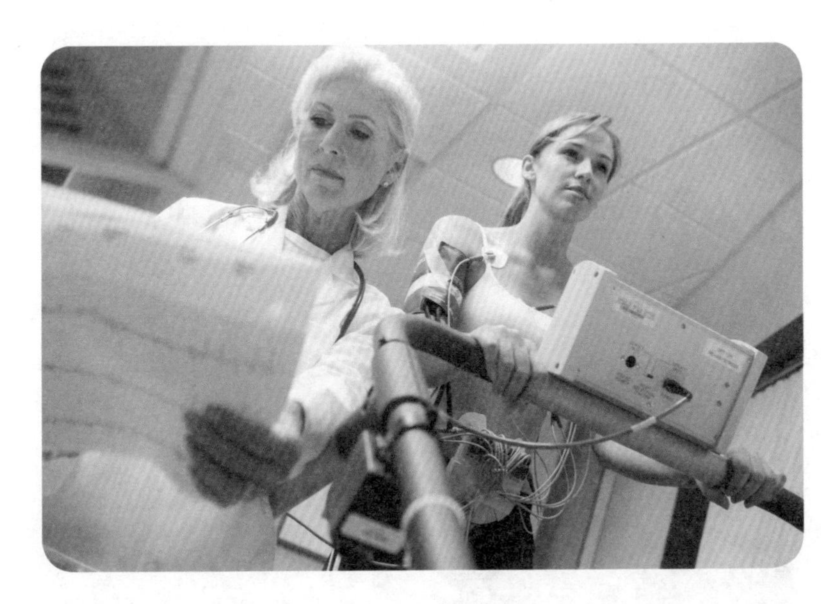

如果场地的墙上有镜子，就边运动边通过镜子观察自己。这能让你保持正确的姿势，还能使你坚持长一点的时间，或多重复几个动作。如果那里可以蒸桑拿，就去试试，不过时间不能太长。蒸的时间过长不但不能让你恢复精神，反倒会消耗你的能量。

和朋友一起锻炼

和朋友报同一个健身班，相互督促，相互支持，能保证你们长期有规律地上课。报班的时候选一些以前没有试过的项目，比如水中有氧运动，肚皮舞和太极等。

释放压力

在特别忙碌的日子里，你会想着放弃运动计划。其实这时你更需要运动，因为这能缓解紧张，让你冷静下来，保证头脑清醒。注意以下问题。

量力而行

踩单车或者台阶机是一种释放压力的方式，边走路边有节奏地拍打身体也是一种。不管怎样，你选择的运动要能让你恢复精神，神清气爽。不要运动过量，否则你就会筋疲力尽，甚至会感到饥饿和脱水，这可应付不了忙碌的一天。

试试简单的运动，如步行或健美操。这能让你得到锻炼，但又不太费力。如果确实需要加大运动强度，用六七成力量就行，也就是将平时 60 分钟的有氧运动减少到 35 ～ 40 分钟，平时练 150 磅的杠铃，这时就减到 90 ～ 105 磅。

试试握力器

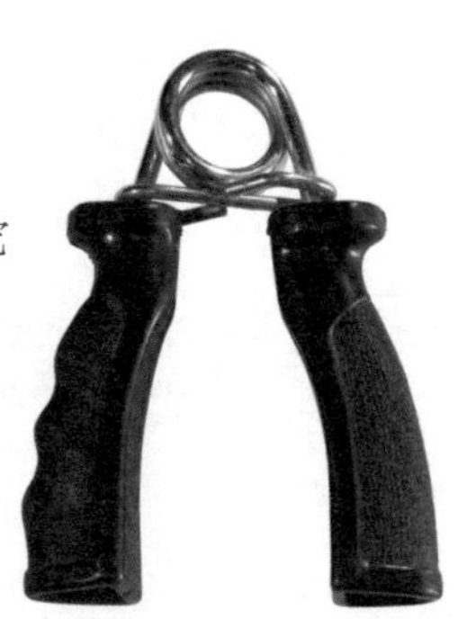

要放松身体特定部位的肌肉，就试试握力器。它可以帮你放松下巴、颈部及肩部紧张的肌肉。此外，它还可以帮你锻炼手部和腕部的力量。

满足身体需求

不同种类及强度水平的运动项目，对身体状况都有不同的要求。坚持以下策略，迎接各种挑战。

及时补充水分

无论何时运动，都要随身携带一瓶水，时不时抿一口，以补充水分。不要等到口渴时才喝水，这时由于流汗，水分流失，身体已极度缺水。事实上，如果运动时或者运动后你感觉疲惫，这可能意味着你已处于脱水状态。多喝些水，慢慢喝，不要猛灌。

将疲劳一洗而空

要除去运动后身体的酸痛，可以洗个舒服的热水澡。在热水下冲两

名言

保持身体健康也是一种责任。很少有人意识到，这世界上还有身体道德这种伦理存在。

——赫伯特·斯宾塞，英国哲学家

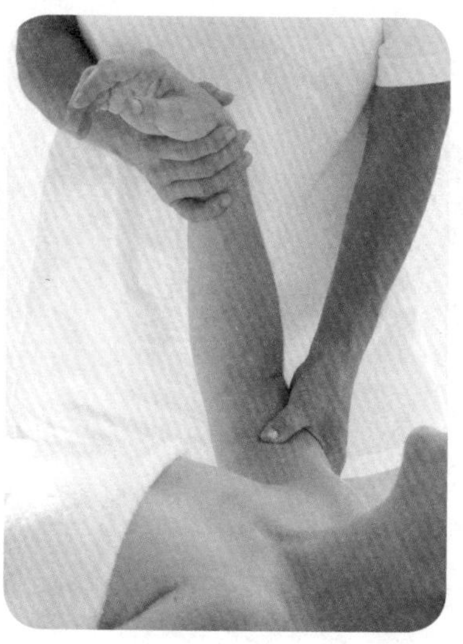

分钟，接着转成冷水，开到最大，冲 30 秒。如此反复 5 ~ 10 分钟，疲劳就能很快缓解。热水与冷水交替冲洗，可以使血管不停地扩张收缩，把肌肉中的乳酸带走，这样肌肉就不会感到僵硬、酸痛了。

按摩放松

找一个持照按摩师，做一次全身按摩。按摩也能将肌肉中的乳酸消解，缓解酸痛。

名言

照顾自己的身体。如果你身体健康，那就感谢上帝，把它当做善良之外最宝贵的财富。这是上帝赐予人类的第二个能力，再多金钱也买不来。

——艾萨克·沃尔顿，英国作家

哪里痛，按哪里

就算不去高尔夫球场打球，高尔夫球也很有用。足疗师认为：用高尔夫球按摩脚掌，不仅能减轻脚的疼痛，还能缓解全身的疼痛。

足疗师认为：人的脚掌与身体各部位息息相关。脚掌某个部位疼的话，身体上相应的某个地方也有问题。用高尔夫球按压脚掌某个穴位，身体的相应部位也会有反应。

把高尔夫球放在地板上，脱掉鞋子和袜子，把脚放在球上慢慢滚动。当球碰到疼痛位置时，你会感到很痛，但是这点痛能缓解全身的疼痛和紧张，所以忍一忍，继续用脚前后滚动球，直到不舒服的感觉消失，再换另一只脚。

有时球会从脚底滚开。你可以用毛巾、书或者家具挡住，不让它跑远。最好是在毯子上做这个练习。

要想更快缓解疼痛，可以用一只脚同时滚两个球。不要同时用两只脚滚球，这太难，而且容易让你精神紧张。

坚持做这种练习，一段时间后，你会发现脚掌的疼痛慢慢消失。这是一个好的迹象，说明身体相应部位的疼痛也在慢慢消失。

雨后跑步

如果天气预报说有雨，你可以把锻炼安排在雨后进行。大雨过后，空气中充满负离子，它可提高空气质量，增强运动效果。再者空气清新，你的心情也会很好。

以下是雨后和其他条件下空气情况对比图。正负离子比率越小，空气质量越好。

环境条件	正离子	负离子	比率
雨后	800	2500	0.3:1
乡村	1800	1500	1.2:1
城市	600	500	1.2:1
高山	2500	2000	1.3:1
有窗的办公室	200	150	1.3:1
轻工工厂	400	250	1.6:1
雨前	3000	800	3.8:1
无窗的办公室	80	20	4.0:1
密闭交通工具（轿车、公交、飞机、火车）	80	20	4.0:1

简单生活的最简单法则

锻炼无需太费力。以下策略能让你用最省力的方法达到最佳身体状态。

★ 开始一个运动项目之前，最好做个全面身体检查，包括血检和心电图。

★ 设定目标，如某个血压指标或腰围。

★ 找一些可以在零散时间做的小锻炼。

★ 饭前饭后散散步。

★ 边看电视边做运动。

★ 和朋友一起运动。

★ 压力大的时候，减小运动强度，做平时的六七成。

★ 运动时多喝水。

第六章 享受闲暇时光

保证每个人都高高兴兴

工作和家庭常使我们的生活一团糟。要想空出时间好好玩乐一番，似乎很难。

真正的休闲指的是全身心投入到某项快乐而有意义的活动中，不受其他事情的干扰。忙碌的时候，你不可能心无旁骛地玩乐。有时候，一周的忙碌，让你寄希望于周末或假期，可到了休息的时候，你的压力依然很大，根本不能放松下来玩乐。

别搞错了，玩乐是生活中不可或缺的一部分。如果不经常找时间来玩乐，你的生命会有很大的缺漏。

留点时间给自己

你在“玩乐刻度表”中处于什么位置？以下小测验可以帮你找到答案。回答是或者不是。

1. 我完全理解玩乐在我生命中的价值。

2. 每个月我至少能度过一个有意义的周末。

3. 在工作日好好工作，周末不用全部耗在公事上。

4. 我每半年或一年会度一次假。

5. 我喜欢有意义的、轻松的娱乐活动。

6. 我定期去网球俱乐部、游泳俱乐部锻炼，做SPA或参加其他的活动。

7. 在特定时间什么事都不做，尽情享受空闲的时间。

8. 不用服药就能完全放松。

9. 我参加定期的休闲活动。

10. 工作和玩乐，我处理得很好。

数一数有几个“是”。五个以下，你绝对需要更多玩乐，本章的建议对你会有帮助。如果是五个以上，那很好。本章的一些妙招，能让你更好地享受闲暇时光。

如果时间十分宝贵，通常娱乐活动是第一个被取消的，而简化生活有一个好处就是：你有更多机会去玩乐。把玩乐当成是做那些无关紧要、但蚕食你宝贵时间的事情的奖赏，不要轻易放弃。

重新学会放松

如果不知道怎么安排空闲时间，那你需要简单地上一课，重新学习怎么选择娱乐活动。

满足自己的需求

每个星期抽出一个下午或者一个晚上，专门来做自己喜欢的事情。听音乐、玩拼图、打理花园，做那些平时没时间做的事。在这段时间就全神贯注于手上的事情，不想其他的。

忘记时间

在参加娱乐活动时，如果你一直在留意时间，就不可能尽情玩乐。放松，忘记时间的存在，只有这样，才能从玩乐中收获更多。

不追求高科技

对科技进步的迷恋，使我们忘记了传统娱乐活动带来的简单快乐。人们总是想要最新潮的娱乐设备，可一旦把焦点放在如何紧跟潮流上，人们就失去了娱乐带来的快乐。不要和朋友或邻居攀比，只要自己高兴就行。

放松身心的简单方法

如果你一味地只顾及家人，久而久之，你就无法照顾好自己，也就没有精力和体力处理家庭、朋友的问题，满足他们的需要。

记住，你和其他人一样，需要也应该有玩乐时间。所以，给自己一个悠闲的假期，参加一些娱乐活动吧。

名言

生活，不仅仅是加快节奏。

——莫罕达斯·卡拉姆纪德·甘地，印度民族解放运动领袖

泡泡澡

最简单、最好的休闲方式就是，慢慢地泡个舒舒服服的热水澡。在水中加点起泡液、精油或矿物盐，或者什么都不加。在浴缸里放个浴枕，你就可以躺在里面，闭上眼睛，好好享受了。

虽然泡澡能让你全身放松。但是随着身体温度持续升高，你也许会感到头晕。14 岁以下的孩子、孕妇以及心脏病患者最好不要泡热水澡，因为热气会使人的血管扩张，血压上升，容易给这类人群造成危险。

泡泡脚

如果连泡澡的时间也没有，可以泡泡脚。坐在你最喜欢的位置上，把脚浸入热水中，好好享受。你得保证自己不受干扰，不用去开门，也不用去接电话。

用力呼吸

做几次深呼吸，感觉到胸部的起伏，这对放松身心有神奇的效果。吸气时，让肺充满空气，使横膈膜（胸腔和腹腔之间的膜状肌肉）完全扩张。集中精力呼吸，使氧气输送至全身，让全身肌肉得到放松，同时也让

大脑放松下来，暂时不想那些恼人的事。

笑一笑，十年少

做些让自己开心的事，看喜剧片、漫画，和爱人或孩子玩游戏等等。笑是一剂良药，对转变情绪有奇效。

重视午餐

在忙碌的一天中，空出一个小时，去最喜欢的餐馆吃顿午餐。不要管办公室里或家里的工作。如果和朋友一起，就约定吃饭的时候不谈公事。这样，你就能把一顿午餐变成一个迷你假日，小小放松一下。

是的，一个小时看似很长的时间，但一顿悠闲的午餐能让你放松下来，提高下午甚至晚上的工作效率。从这点上讲，这一小时的放松很值。

装扮卧室

有时，卧室可能是你最后的“避难所”。在卧室里增加一些简单的装饰，铺上软软的床单，多放几个枕头，都能让卧室变得温馨，令你更放松。

全家一起，开开心心

家庭生活中，要满足每个成员的需求，让大家都能享受休闲时光，这尤其对有孩子的家庭来说十分困难。有什么好的解决方法？以下有一些活动，适合全家人一块玩。

去公园

孩子不想呆在家里，但你又不愿花太多的钱出去玩，那社区公园是

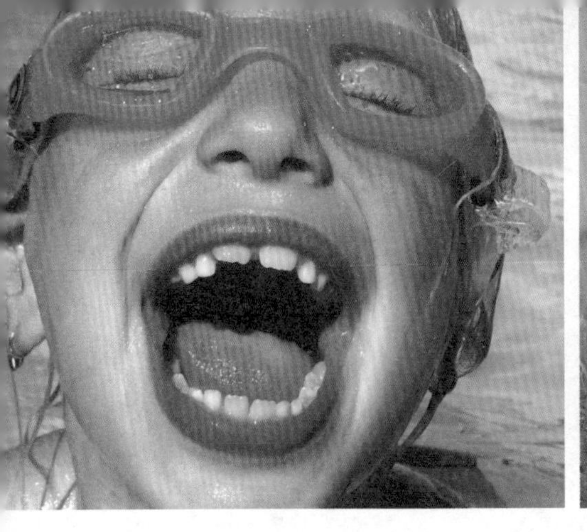

最佳的游乐场所——不花钱，又有得玩。那里有很多可玩的项目，打篮球、沿着小路跑步、荡秋千等等。

去野餐

不管是去公园还是在后院，离开饭桌去野餐，是不错的改变，这能让孩子离开电视，享受户外的美好景致。

外出就餐如何省钱

许多餐馆都提供优惠券，有些给折扣，有些则是买一送一。有了它，

宠物疗法

养宠物要担巨大的责任，不过很多人愿意承担这样的责任，因为宠物可以陪伴他们。《美国新闻与世界报道》称：和动物在一起，人的身心都能获益。

研究表明：疗养院的病人在有动物陪伴时，更温柔体贴，而有暴力倾向的病人，更能容忍接近他们的人。有动物陪伴，人的心率会降低，吵闹的孩子会安静下来，不爱说话的人也愿意打开话匣子。

为什么宠物有这样的效果，我们不得而知。科学家猜测，可能是因为与动物交流，不像与人交流那么复杂，所以人们能放松下来。“动物们没有偏见，听话而且体贴；它们不像人那样喜欢顶嘴、批评或命令他人。”《美国新闻与世界报道》的一篇文章这么说，“它们让人产生责任感，也给人以安全的身体接触的机会。”

你和家人外出用餐就能省一大笔钱。注意优惠券上标注的有效日期和使用权限。

看电影怎么省钱

现在电影票越来越贵了，不过有些影院的上午场比较便宜。你也可以留意影院发放的优惠券。

去野营

找一个便宜的营地，开上车，带上基本的装备，就能和家人一起与大自然亲密接触了。

换个环境去度假

一说到“休闲”，大部分人都会想到“假日”。的确，如果能在理想

名言

尽情享受生活，才是会生活。

——塞缪尔·巴特勒，英国作家

的地方，不受打扰地度个悠闲的假期——时间可长可短，一个周末也好，一整个星期也行——就能让自己从日常琐事中逃脱出来，得到放松。

但我们也经常碰到这样的事，因为航班取消、旅馆订单出问题、行李丢失、景点名不符实等等原因，好好一个假期变成了一场梦魇。不用担心，遵照以下方案，你就可以避免很多麻烦，过一个美好难忘的假期。

做好计划

做计划时，先想好去哪，什么时候去，去干什么。在考虑可行性的时候，留意以下问题。

牢记度假的目的

度假是为了放松身心。如果每天的行程都很满，大部分时间都在走马观花，等回到家时，大家就会非常累，比度假前还累。其实，你不需要把行程排得很满。如果喜欢看风景，就为每个景点预留足够的时间。一次旅行，不可能逛遍所有景点。如果不够尽兴，下次还可以再去。同样，如果你喜欢整天泡在游泳池或者呆在海滩上，照做就是了。度假就是要做自己喜欢的事。

找个合适的时间度假

不要因为其他人都在七月份去海边玩，你也要这样。如果时间允许，你可以在淡季去，不仅能避开人群，还能省钱，因为那时很多旅馆都会打折。不要在国庆节前后去度假，因为这时人会很多。

交换房屋度假

如果不想花钱住旅馆，你可以试试换屋，和住在度假目的地的一家人交换房子。你可以加入换屋俱乐部，获得一些换屋的提示和指导。这些俱乐部对会员条件有严格限制，能确保所有会员诚实可信。在这里，你可以直接和其他会员联系，以便选择合适的房子。

做足功课，省钱省心

如果早就想好度假的地方，你可能会选自助游。事先多花些时间搜集资料，咨询去过那里的朋友，你就能找到最佳方案。

感受飞机旅行的奇妙

坐什么交通工具旅行？飞机最快,而且现在也不贵。买减价时段的票，比如中午或者工作日的航班，机票折扣都很大，更能省不少。以下有一些找低价机票的诀窍。

搜索所有信息渠道

留意网上或其他渠道发布的航班机票信息，注意甄别信息的可靠性。

乘红眼航班

大部分晚班飞机（所谓的“红眼航班”）客座率不高，所以航空公司打的折扣都很大。打电话给各家航空公司，了解他们的相关优惠政策。

先下手为强

就算几个月之后才出发，也要尽早关注机票信息。

选靠走道的位置

短途旅行，又不想睡觉，你可以选靠走道的位置。这里比较宽敞，方便你站起来，伸展身体，活动活动，而且如果有事，乘务员能马上注意到你。长途旅行选什么样的位置，就要看你觉得怎么舒服了。如果要经常站起来活动，就选靠走道的位置；想睡觉，就选靠窗的。

事先查看飞行时刻表

事先查看清楚飞机行程，包括到港和离港时刻、中转站及中转时间。

怎么住省钱

旅行时，旅馆房间就是你的家。你肯定想找安全、干净、舒适的旅馆投宿，最重要的自然是价格公道。要求太多了？假如你听从以下建议，这些要求都能满足。

预订时砍砍价

直接打电话给旅店预订房间，打电话的时候，问问工作人员，旅店是不是有针对家庭、学生、公务人员或者老年人的优惠，前台工作人员可能会因此给你一些折扣。还有，如果你是某家银行的信用卡用户，或是某家连锁酒店的会员，也能拿到折扣。

行李多少才合适

度假计划还包括决定什么行李要带，什么不带，只带最重要的。当然，要在外面待几天，所有东西看似都很重要。记住：行李越少，麻烦越少。

成为打包达人

打包行李是一门还未受到重视的艺术。依照以下建议，成为打包达人，为自己减负吧。

行李包要轻便

本身就很重的行李箱在旅途中是个大麻烦。买轻的行李包，这样就算是塞满衣服和私人物件也不见得有多重。

随身携带常用物件

随身携带常用的私人物件。事先了解清楚哪些物品可以带上飞机，哪些属于禁带物品。

不要过于乐观

如果你经常因为没能按时完成工作而不得不取消假期，那么你可能低估了自己完成任务所需要的时间。美国心理协会例会发表的一项研究表明：对于完成某项任务所要的时间，大部分人无法正确评估。他们常常在假设一切都很顺利的情况下，对个人表现进行评价总结，但“一切都很顺利”实在难得。

假如你想按时完成任务，再去娱乐休闲。那么就要在计划阶段，将完成任务所需时间再增加四分之一，以防意外发生，这样事情才能如你所愿。

小容量旅行装

尽量把清洁和化妆用品放在小容器里，也可以直接购买方便携带的小容量旅行装。

成为混搭高手

精心挑选旅行时穿的衣服，这几件衣服最好能搭出很多种穿法，这样你就可以少带几件衣服。再带些小饰物，变化就可以更多。

打包也有技巧

打包行李时，把鞋子和其他重物放在下面，再放轻的行李，最上面放容易弄皱的物品。不同的物件用不同的塑料袋装起来，回程的时候，这些袋子可以装脏衣服。

给行李做标记

在行李包上挂个有你照片的识别卡，这能降低行李误拿的风险。如果带着小孩旅行，为防止意外，最好在钱包或手机里存一张孩子的照片，

万一他走丢，照片能让别人快速认出他。

把纪念品寄回家

旅途中搜集的纪念品，可以用快递寄回家。这样既方便，又不用花费太多。

用拉杆包

长途旅行时，拉杆包非常方便。那么挑选拉杆包有什么要注意的呢？

拉杆包重一点好

一般来说，行李包越轻越好，但是拉杆包不是这样。质量好的拉杆包重，但是拉起来一点都不费力。

测测轮间距

轮子不能太近，否则在拐弯时包会翻倒。不要买塑料杆的包，因为

它容易断掉。要选橡胶或其他耐用材质的拉杆。

试试拉杆

包的拉杆不仅要能伸缩，而且要能锁住。质量好的包都有这种性能，这样不管是向前还是往后，你都能顺畅地操纵拉杆，这一点在退出走道或者电梯时特别有用。

离家之前

机票定了，行李打包了，你要开始踏上旅程，去冒险、去放松、去找乐子。但是在出发前，你得再检查一下这些东西。

保证家里的安全

狡猾的小偷专找那些主人外出度假，无人看管的房子下手。所以离家前，遵照以下步骤确保房子安全，不让他人注意到你不在家。

暂停报纸邮件递送

如果门廊上、车道上堆着报纸，这明摆着在跟小偷说主人不在家。联系报纸递送部门，让他们在你回家后再送，信件也是如此。你也可以请家人或朋友，每天帮你收报纸和信件。

设置定时开关

去五金店或家居装饰店买定时插座。设定时间,让它在规定时间开灯、关灯。你还可以给电视、音响定时，这就能造成你在家的假象了。

收起备用钥匙

把备用钥匙藏在家外某处，以防忘带钥匙进不了门，这的确很方便，但是外出时，这就很危险。把备用钥匙寄放在家人或朋友那儿，不要给小偷进你家提供便利。

让可靠的人知道你要外出

告诉邻居你要度假，请他们留意你家的情况。如果外出期间有信件或者其他上门服务，也告诉他们。留下联系方式，以方便发生意外时，他们能及时联系你。

名言

随着自己一天天老去，时间越来越宝贵。你会开始思考那些曾经想做但又没做的事，那些如果充分利用空闲时间，就能做到的事。

——麦克 · 斯德伦，摄影师

出发前给车子做个“全身检查”

开车出行时，车子满载行李，还要跑长途，一定要处于最佳状态。以下措施能减小路上抛锚的几率。

更换机油

如果最近都没有换机油，那就趁这个机会换一下。大部分汽车行家建议，无论是否经常跑长途，每跑 3000 英里（4828 公里）就得换一次机油。如果最近刚换，那就得检查一下油量。在车里放一些油，方便在路上加。另外也要确保车上有足够的防冻剂、变速器油等。

找找茬

检查所有的皮带和软管，确保它们状态良好。打开引擎盖，检查每一个部件，看看有没有问题。如果对车子内部部件不熟，出发前可以让信得过的机修工看看。

给车胎打足气

检查车胎是否有气，查看车胎花纹磨损情况。你肯定不愿意在雨天湿滑的路面上开一部车胎磨损严重的车。

租车出行

要是租车旅行，要仔细检查车子，看看有没有毛病，因为这时发现的毛病你无需负责。

加入租车俱乐部

要是经常租车旅行，你可以加入租车俱乐部，这样可以得到折扣或更周到的服务。所有大型租车公司都有这样的俱乐部，你可以致电租车公司询问详情。

顺利抵达

终于踏上旅途了。最后一点建议，能确保旅途轻松愉快。

穿宽松衣服

坐飞机时穿宽松舒适的衣服。飞机座位空间有限，如果穿厚重的衣服，系过紧的皮带和鞋带，会更不舒服。

伸伸腿

坐飞机时，经常站起来活动活动，有利于血液循环。每隔 45 分钟走一下，哪怕是上洗手间也好。只要不干扰乘务员工作，走个 5 ~ 10 分钟都可以。

定合适的房间

抵达目的地后,如果入住的是高层酒店,最好要3～6楼的房间。1～2楼容易发生盗窃事件，而消防梯到不了6楼以上，发生火灾时很危险。

吃便宜点

旅行时，选健康、提神的餐点，一般都不会太贵。除非你度假的目的就是为了享受美食,否则就选价格公道的饭店,省下钱来用在其他地方。

在设定的时间和公司联系

度假时，如果必须和公司联系，最好在离开之前就设定好打电话的时间，然后尽量在设定的时间打电话。告诉秘书或者同事，没有紧急的、其他人处理不了的事情，就不要打扰你。

入住备忘录

定房间时，记着询问以下事项：

- 针对家庭、会员等的优惠。
- 常住旅客是否有优惠。
- 有无机场接送服务。
- 最早入住时间和最迟退房时间。
- 房内有无咖啡壶等你比较在意的物品。

什么？去度假？

超过 20% 的美国人放弃享受自己应有的假日。与之相比，澳大利亚、法国、德国、瑞典等国家的人绝不愿意放弃法定假期里的任何一天。

“有品质的休闲活动是一段宝贵的经历，能拓展视野、增长知识、挑战意志、激发乐趣，给我们一种成就感。”《逃离杂志》的发行人乔·罗宾逊说。

名言

这是一个极度理智的年代。我们知道的很多，感受到的却很少。

——D.H. 劳伦斯，英国作家

简单生活的最简单法则

玩乐是简化生活得到的奖赏。让每一分钟的玩乐都符合以下原则：

★每星期为自己预留一个下午或晚上，在这段时间里不想其他事情，只做自己想做的事，尽情享受。

★选自己喜欢的娱乐活动，而不是自己该做的。

★不要跟别人攀比，只想着让自己快乐。

★度假时，不要把行程排得满满的。

★提前订机票。要想买到最低折扣的票，就避开出游高峰。

★订旅馆时要记着询问有无优惠活动。

★尽量少带清洁和化妆用品。如果旅馆提供香皂、洗发水之类的物品，那就不用带了。

★离家之前，确保家里的安全。让朋友或邻居帮你照看一下。

★如果开车旅行，出发之前要做个全面检查。

★坐飞机时，穿宽松舒适的衣服。

美国排行第一的工作生活协调专家
最新力作！

让你的生活简约而精致！

书　　名：更简约的生活·家居篇
作　　者：杰夫·戴维森
出 版 社：新世界出版社

- 你是否从没听说过床头柜的高低竟然和床垫的厚度息息相关？
- 你是否常常对着杂乱的衣橱抓狂，挑不出一件合适的衣服？
- 你是否在逛超市的时候，常常莫名其妙买很多计划外的东西？
- 你是否常常看着孩子东丢西放的玩具而满心烦恼？
- 你是否常常面对“一地鸡毛”般的厨房不知所措？

如果你的回答都是“YES”，那么恭喜你！这本书中的大量超实用建议，将为你省下人生70%的时间和精力，让你幸福感爆棚，更从容地享受生活！

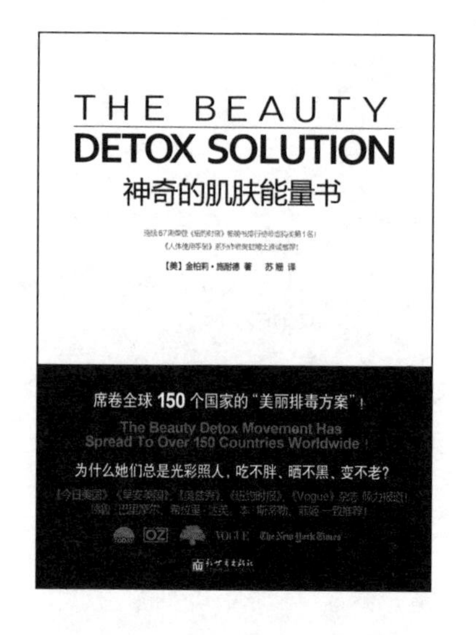

连续67周荣登《纽约时报》
畅销书排行榜非虚构类第一名！

《人体使用手册》系列作者奥兹博士
真诚推荐！

书　　名：《神奇的肌肤能量书》
作　　者：【美】金柏莉·施耐德
出 版 社：新世界出版社

金柏莉的《神奇的肌肤能量书》
应该成为新时代爱美女性的必读书！

——奥兹博士，美国王牌健康节目《奥兹秀》主持人
《人体使用手册》系列图书作者

食物在身体系统里停留越久，腐败和发酵的持续时间就越长，
所以身体健康主要在于速度：快速吸收食物营养，快速排出食物残渣，
减少食物在体内发酵、腐败胀气，为身体省下更多美丽能量用于修复皮肤损伤，
给皮肤补充光泽，让你时刻容光焕发。
因此，我们在进食时要先吃最轻的食物，
最后吃最重的，让食物可以尽快地通过身体系统，
这就是所谓的“从轻到重”原则。

位韩国父亲12年的育儿手记！

风靡韩国的“寒门虎子养成记”！

不上补习班的宰赫为何也能考第一？

KBS电视台《五千万人的一级秘密》、
《VJ特工队》栏目倾情报道！

书　　名：《宰赫家的奇迹》
作　　者：李相和
出 版 社：中国广播电视出版社

儿子李宰赫在没上过补习班、特长班，
没请过辅导老师的情况下，竟然成了震惊韩国的“天才少年”！
在本书中，宰赫的父亲李相和将
与你分享他的“寒门育儿经”：

- 如何唤起孩子对英语的兴趣？
- 如何让孩子喜欢上读书？
- 如何帮助孩子戒掉游戏瘾？
- 如何让孩子学会接纳和分享？
- 如何培养孩子的好奇心？
- 如何帮孩子应对压力？
- 如何与孩子沟通？
- 如何帮孩子找到适合自己的学习方法？
- 如何帮孩子建立信心？

……